Kwaku Asuako Tabiri

# Utilização de recursos na produção de milho

Kwaku Asuako Tabiri

# Utilização de recursos na produção de milho

## Dados da Região Central do Gana

ScienciaScripts

**Imprint**

Any brand names and product names mentioned in this book are subject to trademark, brand or patent protection and are trademarks or registered trademarks of their respective holders. The use of brand names, product names, common names, trade names, product descriptions etc. even without a particular marking in this work is in no way to be construed to mean that such names may be regarded as unrestricted in respect of trademark and brand protection legislation and could thus be used by anyone.

Cover image: www.ingimage.com

This book is a translation from the original published under ISBN 978-620-2-06650-1.

Publisher:
Sciencia Scripts
is a trademark of
Dodo Books Indian Ocean Ltd. and OmniScriptum S.R.L publishing group

120 High Road, East Finchley, London, N2 9ED, United Kingdom
Str. Armeneasca 28/1, office 1, Chisinau MD-2012, Republic of Moldova, Europe
Printed at: see last page
ISBN: 978-620-7-91289-6

# ÍNDICE DE CONTEÚDOS

## RESUMO

Este estudo procurou estabelecer as bases para melhorar a eficiência da cultura do milho na Região Central do Gana. Os dados primários para o estudo foram obtidos através de um inquérito. No total, 302 produtores de milho forneceram as informações necessárias para a análise. O principal instrumento de investigação utilizado foi um programa de entrevistas estruturado. Foi utilizada estatística descritiva para descrever o estado da utilização dos recursos na produção de milho na região. Foi utilizada uma função de custo de fronteira estocástica, aplicada a dados transversais, para analisar a eficiência dos custos de produção a nível da empresa e os seus determinantes. A eficiência da utilização dos recursos foi analisada utilizando o valor marginal do produto dos factores de produção. As restrições foram analisadas através do coeficiente de concordância de Kendall.

Os resultados do modelo de fronteira de custos estocásticos Cobb-Douglas e de um modelo de eficiência específico para a exploração agrícola mostraram que a eficiência média dos custos era de 94,95%. Além disso, todos os factores de produção foram atribuídos de forma ineficiente. O acesso aos serviços de extensão, a experiência e o acesso ao crédito tiveram uma relação positiva com a eficiência dos custos. Além disso, o acesso ao crédito foi considerado o maior constrangimento com que se confrontam os produtores de milho.

O estudo conclui que os produtores de milho não são totalmente eficientes na combinação e afetação de recursos. As partes interessadas devem organizar seminários de formação sobre a produção de milho para permitir que os produtores tomem decisões bem informadas para a adoção e utilização de conhecimentos técnicos e de gestão de forma mais optimizada e eficiente.

**AGRADECIMENTOS**

Gostaria de agradecer a todos aqueles que contribuíram de diversas formas para a redação deste trabalho. Estou particularmente grato ao Prof. John Andoh Micah e ao Sr. Samuel Akuamoah Boateng pela sua paciência, atenção imediata, diligência e críticas construtivas que ajudaram a dar forma a este trabalho. Estou também em dívida para com o Sr. Emmanuel Kojo Kumashie, que prestou alguma assistência técnica neste trabalho.

Um agradecimento especial a Nana Dr. Henry De-graft Acquah e à Sra. Rebecca Owusu pelo seu apoio. Por último, gostaria de expressar o meu maior apreço à minha mulher, Beatrice Obiribea Tabiri, pela sua tolerância e apoio moral durante a redação deste trabalho.

# DEDICAÇÃO

À memória dos meus falecidos avós, o Sr. Jonah Nkum e a Sra. Adwoa
Dankwaa.

# CAPÍTULO 1

## INTRODUÇÃO

### Antecedentes do estudo

### O conceito

Muitos economistas tendem a concordar com a noção de que uma estratégia eficaz de desenvolvimento económico depende fundamentalmente da promoção da produtividade e do crescimento da produção no sector agrícola, particularmente entre os pequenos produtores. Os dados empíricos sugerem que as pequenas explorações agrícolas são desejáveis não só porque constituem uma fonte de redução do desemprego, mas também porque proporcionam uma distribuição mais equitativa do rendimento, bem como uma estrutura de procura eficaz para outros sectores da economia (Bravo-Ureta & Evenson 1994). Isto levou muitos investigadores e responsáveis políticos a concentrarem a sua atenção no impacto da adoção de novas tecnologias na produtividade e no rendimento das explorações agrícolas (Hayami & Ruttan, 1985; Schultz 1964). No entanto, durante a última década, os principais ganhos tecnológicos resultantes da revolução verde parecem ter-se esgotado em grande medida no mundo em desenvolvimento. Este facto sugere que se justifica prestar atenção aos ganhos de produtividade resultantes de uma utilização mais eficiente da tecnologia existente (Bravo-Ureta & Pinheiro, 1993; Squires & Tabor, 1991). Schultz (1964) sugere que existem relativamente poucas ineficiências na afetação dos factores de produção na agricultura tradicional e coloca a hipótese de que, quando os camponeses dispõem das condições económicas e ambientais adequadas, podem afetar eficientemente os factores de produção. Assim, este estudo considera a eficiência como a melhor opção para melhorar a produtividade e põe à prova a proposta de Schultz no que respeita às condições económicas. A eficiência na produção e a afetação eficiente dos recursos são também cruciais para garantir a sustentabilidade da produção de milho em pequena escala no Gana. É neste contexto que este estudo tenta analisar a utilização de recursos pelos produtores de milho na Região Central do Gana, para descobrir até que ponto os agricultores são eficientes na afetação de recursos, bem como os constrangimentos que enfrentam.

### O sector

A agricultura continua a desempenhar um papel fundamental no desenvolvimento sustentável e na redução da pobreza na economia do Gana. A nação registou com sucesso um crescimento positivo sustentado da produção alimentar per capita desde 1990, em comparação com muitos países subsarianos (ISSER, 2010). O crescimento da produção em 2009 foi liderado pela agricultura, que representou mais de um terço do produto interno bruto (34,5%) e empregou mais de metade da população ativa. O sector cresceu 6,1 por cento, um salto significativo em relação ao pior sector em termos de contribuição para o crescimento em 2008. No entanto, em 2010, o sector agrícola registou um crescimento de 5,3%, o que indica um declínio da sua participação no PIB em relação a 2009 e a outros sectores. O ISSER (2010) atribui parcialmente o declínio do crescimento da agricultura ao facto de a base de exportação da economia ganesa continuar a ser estreita, tornando-a altamente vulnerável a choques externos. O relatório do Programa Alimentar Mundial (PAM, 2010) mostra igualmente que o declínio súbito da parte da agricultura no PIB pode ser parcialmente atribuído à forte dependência das culturas tradicionais, como o cacau, a madeira e o café. Para que a agricultura continue a ser uma importante fonte de rendimento para a maioria dos agregados familiares na

No Gana, é necessário proceder a uma forte diversificação da produção agrícola.

**A cultura**

O milho (*Zea mays*) é cultivado no Gana há muitos séculos. De acordo com Morris *et al* (1999), desde a sua introdução no século XVI, o milho estabeleceu-se como uma importante cultura alimentar no país. Em pouco tempo, o milho atraiu também a atenção dos agricultores comerciais, embora nunca tenha alcançado importância económica em comparação com as culturas tradicionais de plantação, como o óleo de palma e o cacau. Com o passar do tempo, a erosão da rentabilidade de muitas culturas de plantação (atribuível principalmente ao aumento de problemas de doenças no cacau, à desflorestação e à degradação dos recursos naturais, e à queda dos preços mundiais dos produtos de base) serviu para reforçar o interesse pelas culturas alimentares comerciais, incluindo o milho (Morris *et al*, 1999). De acordo com Al-Hassan e Jatoe (2002), o milho é atualmente a cultura cerealífera mais importante do Gana. É cultivado pela grande maioria das famílias rurais em quase todas as partes do país, exceto na zona da Savana do Sudão, no Norte.

Tal como referido anteriormente, o milho é um alimento básico importante no Gana e na Região Centro em particular. A produção nacional de milho é cerca de cinco vezes superior à quantidade de qualquer outro cereal produzido no país em 2010 (MoFA, 2011). A cultura do milho tem um rendimento elevado; o seu grão é fácil de processar, facilmente digerido e mais barato do que muitos outros cereais. É também uma cultura versátil, a razão por detrás do seu cultivo em todas as zonas agro-ecológicas do Gana. Todas as partes da planta do milho têm valor económico: o grão, as folhas, o caule, a borla e a espiga podem ser utilizados para produzir uma grande variedade de produtos alimentares e não alimentares. Ao contrário dos países industrializados, onde o milho é largamente utilizado como alimento para o gado e como matéria-prima para produtos industriais, no Gana é principalmente utilizado para consumo humano. Na África subsariana, o milho é um alimento básico para cerca de 50% da população. É uma fonte importante de hidratos de carbono, proteínas, ferro, vitamina B e minerais. Os ganeses consomem o milho como base de amido numa grande variedade de papas, pastas e grits. O milho verde (fresco na espiga) é comido seco, cozido, assado ou cozido, desempenhando um papel importante no preenchimento do vazio da fome após a estação seca. O milho é um alimento importante em África e o ingrediente principal de vários pratos nacionais bem conhecidos. Exemplos disso são o banku, o kenkey e o etsew no Gana, o tuwon, o masara e o akamu no norte da Nigéria, o koga nos Camarões, o injera na Etiópia e o ugali no Quénia. Também é utilizado como alimento para animais e como matéria-prima para o fabrico de cerveja e para a produção de amido (IITA, 2008).

De acordo com o GSS (2008), o cacau e o milho são as principais culturas de rendimento em termos de valor de colheita e valor de venda; o cacau colhido pelos agregados familiares no período de um ano é de cerca de GH0436 milhões, e o valor de venda ascendeu a cerca de GHc36l.l milhões, enquanto a colheita anual de milho é avaliada em GH0484.7 milhões e o valor de venda do milho é de GHC412.3 milhões. Estas duas culturas representam assim cerca de 68% do valor total da colheita de cereais básicos e culturas de rendimento, e 79% de todo o valor das vendas. Assim, o GSS (2008) sublinha a importância do milho para as famílias ganesas e para a economia como um todo.

A grande maioria do milho no Gana é produzida por pequenos agricultores em condições de sequeiro, com variações anuais. No entanto, a produção global de milho no país manteve-se relativamente estável, tanto em termos de área colhida como de volume, devido à dependência dos métodos agrícolas tradicionais.

Sob métodos de produção tradicionais e em condições de sequeiro, os rendimentos estão muito abaixo dos níveis atingíveis - os rendimentos do milho no Gana são, em média, de aproximadamente 1,5 toneladas métricas por hectare. No entanto, os agricultores que utilizam sementes melhoradas, fertilizantes, mecanização e irrigação conseguiram obter rendimentos tão elevados como 5,0-5,5 toneladas métricas por hectare (MiDA, 2011). As culturas de cereais (milho, arroz e sorgo/mille) apresentam variações sazonais acentuadas no padrão de colheita. A maioria dos agregados familiares não colhe cereais na primeira metade do ano, como seria de esperar, uma vez que a primeira metade do ano é a época de plantação, que invariavelmente determina as épocas agrícolas em todas as zonas ecológicas do país.

A MiDA (2011) observou que, para além das actuais deficiências no abastecimento interno para satisfazer a procura, prevê-se que o consumo de milho cresça a uma taxa de crescimento anual composta de 2,6%, com base no crescimento da população e no aumento do rendimento per capita. Com base nos dados mais recentes sobre a produção interna, o défice entre a produção interna e o consumo interno atingiria 267 000 toneladas métricas até 2015. Além disso, para além destes valores previstos para o consumo doméstico, existe uma procura considerável não satisfeita de milho transformado para utilização e para o sector crescente da alimentação animal no Gana.

**Os factores de produção**

Max (1849) descreveu o capital como sendo constituído por matérias-primas, instrumentos de trabalho e meios de subsistência de todos os tipos, que são empregues na produção de novas matérias-primas, novos instrumentos e novos meios de subsistência. O autor observou ainda que todos estes componentes do capital são: criados pelo trabalho; produtos do trabalho e; trabalho acumulado. Assim, conclui que o trabalho acumulado que serve de meio para uma nova produção é capital. No Gana, todas as formas de recursos utilizados na produção de milho se enquadram no conceito de capital de Max.

Norton *et al* (2010) identificam materiais de plantio, fertilizantes, sistemas de irrigação, pesticidas e insumos mecânicos como os principais insumos de capital necessários em empresas de culturas alimentares, incluindo o milho.

Os principais factores de produção agrícola utilizados na produção vegetal no Gana e os seus preços médios anuais são apresentados no quadro seguinte.

Quadro 1: Preços médios nacionais dos factores de produção (GHS)

| Entrada | Unidade | 2004 | 2005 | 2006 | 2007 | 2008 | 2009 | 2010 |
|---|---|---|---|---|---|---|---|---|
| NPK 15-15-15 | 50 kg | 18.87 | 20.22 | 20.44 | 21.72 | 36.06 | 43.40 | 37.57 |
| Sulfato de amoníaco | 50 kg | 14.22 | 15.80 | 17.54 | 18.10 | 28.12 | 31.69 | 27.34 |
| Ureia | 50 kg | 18.94 | 22.94 | 24.56 | 25.82 | 37.13 | 41.42 | 35.47 |
| Arredondar | 1litro | 7.06 | 6.73 | 6.60 | 6.24 | 8.93 | 10.48 | 10.82 |
| Karaté | 1litro | 7.91 | 6.92 | 6.94 | 7.10 | 8.28 | 8.40 | 8.21 |
| Actélico | 1litro | 15.00 | 14.88 | 12.83 | 12.82 | 11.35 | 10.83 | 12.82 |
| Enxada | único | 1.24 | 2.38 | 1.73 | 2.03 | 2.51 | 3.10 | 3.60 |
| Cutelo | único | 2.71 | 3.37 | 3.37 | 4.08 | 4.05 | 4.60 | 5.65 |
| Saco de juta | único | 0.75 | 0.82 | 0.89 | 0.86 | 0.99 | 1.48 | 1.71 |

Fonte: MoFA, 2011

O quadro 1 indica que os preços dos factores de produção apresentam a volatilidade que caracteriza os mercados de produtos. As variações imprevisíveis dos preços (subidas e descidas) complicam o planeamento da exploração por parte da empresa agrícola de pequena dimensão.

Mellor (1966) observa que, nos países de baixo rendimento, a agricultura camponesa tende a ser caracterizada por baixos níveis de utilização de certos recursos, baixos níveis de produtividade e níveis relativamente elevados de eficiência na combinação de recursos e empresas. As explorações tradicionais caracterizam-se por uma baixa utilização de factores de produção adquiridos, com exceção da mão de obra. O rendimento por hectare, a produção por pessoa e outras medidas de produtividade tendem a ser baixos. Estes factores não significam, contudo, que as explorações tradicionais sejam ineficientes. Como refere Schultz (1964), as explorações tradicionais tendem a ser pobres mas eficientes. É ainda argumentado que as variedades de culturas, as fontes de energia, os métodos de alteração da fertilidade dos solos e alguns outros factores à disposição das explorações tradicionais condicionam o crescimento da produtividade e, por conseguinte, reduzem os rendimentos do trabalho e dos tipos tradicionais de capital. A eficiência, medida pela equivalência dos rendimentos marginais dos recursos em utilizações alternativas, é frequentemente elevada. Por outras palavras, dadas as tecnologias disponíveis aos agricultores tradicionais, estes tendem a fazer um bom trabalho na afetação da mão de obra, da terra e de outros recursos (Norton *et al*, 2010). A implicação, contra a popularidade dos economistas, é que a simples reafectação dos recursos de que dispõem atualmente não terá um impacto significativo na produção. Faz sentido que, com níveis estáticos de tecnologia, condições físicas e custos dos factores, os agricultores se tornem gradualmente muito eficientes no que fazem. É consensual entre os economistas que a afetação de recursos e a eficiência da sua utilização são factores críticos na determinação da produção total de uma sociedade. Estes recursos são classificados em terra, trabalho, capital e gestão.

Na agricultura, o aumento da produtividade por unidade de trabalho agrícola e de terra está associado à qualidade dos recursos de capital (factores de produção) utilizados, bem como à sua quantidade. Os fertilizantes e pesticidas, as novas sementes, os sistemas de irrigação, a energia mecânica e os minerais e nutrientes suplementares para os animais são exemplos desses factores de produção. Os agricultores procuram novas tecnologias agrícolas (incorporadas nos factores de produção) que lhes permitam substituir os factores de produção de menor custo por outros com escassez e preço crescentes. As sementes, os fertilizantes, a irrigação e os pesticidas tendem a ser factores de produção altamente complementares. Para serem mais produtivas do que as variedades tradicionais, as novas variedades de milho e outras culturas alimentares necessitam de mais fertilizantes e de um melhor controlo da água do que o que seria utilizado nas práticas tradicionais. Se este pacote de factores de produção estiver disponível para os agricultores, juntamente com o financiamento necessário e a informação sobre a sua utilização, a produtividade da terra e do trabalho pode ser aumentada. O resultado é um aumento da produção por hectare e por unidade de trabalho aplicada, pelo menos nas zonas em que os novos factores de produção são adequados e adoptados.

O GSS (2008) relata que, do número total de agregados familiares que cultivaram culturas nos 12 meses anteriores ao inquérito, cerca de 1,8 milhões contrataram mão de obra nas suas explorações agrícolas e cerca de 1,9 milhões compraram ferramentas manuais feitas localmente. Além disso, mais de meio milhão de agregados familiares que colheram colheitas compraram sementes, sacos, insecticidas, recipientes, herbicidas, cordas e fertilizantes. Do total de Gl lc352,6 milhões gastos em todos os diferentes tipos de insumos agrícolas, 89 por cento (GH C312,5 milhões) foram gastos em insumos agrícolas, enquanto apenas nove por cento e três por cento foram gastos em insumos pecuários e piscícolas, respetivamente. Entre as rubricas de despesas incorridas em factores de produção agrícola, um montante substancial (43%) foi gasto na contratação de trabalhadores agrícolas e 19% do montante foi gasto apenas em fertilizantes inorgânicos. O relatório do inquérito indica que uma parte insignificante da despesa total em insumos agrícolas (0,4%) é gasta em instalações de armazenamento, mostrando a pouca importância atribuída ao armazenamento no processo de cultivo de culturas. Os resultados também indicam que a maioria (pelo menos 70%) das famílias compra os seus insumos agrícolas ao sector privado.

**A Região**

O milho é o cereal mais importante produzido e consumido na Região Centro. A região cultivou 103.070 hectares de terra e produziu 195.394 toneladas métricas do cereal em 2010 (MoFA, 2011) para consumo da sua população de 2,2 milhões de habitantes e um número estimado de 548 000 agregados familiares (GSS, 2012). A dimensão média dos agregados familiares da região, de 3,6 pessoas, é ligeiramente inferior à média nacional de 4 pessoas por agregado familiar. Utilizando a estimativa nacional de consumo per capita de 43,8 quilogramas de cereais, a região consome 96 360 toneladas métricas de cereais por ano (MoFA, 2011). Considerando a proximidade da região dos grandes mercados metropolitanos (Accra, Kasoa e Takoradi) e o seu potencial de exportação de milho para esses mercados, a produção de milho pode ser utilizada como estratégia de redução da pobreza para elevar o nível de vida da população agrícola. Para tal, é necessário investigar formas de aumentar a produção de milho e a eficiência da sua produção pelos agricultores da região.

A agricultura (incluindo a pesca) é a principal ocupação para homens e mulheres em todos os distritos, exceto Cape Coast, e emprega mais de dois terços da força de trabalho em muitos distritos. A produção de cacau concentra-se em Assin, Twifo-Hemang-Lower Denkyira e Upper Denkyira, enquanto a produção de óleo de palma se concentra em Assin e Twifo-Hemang-Lower Denkyira. Outras grandes empresas agrícolas são a produção de ananás e de cereais. A pesca está concentrada principalmente nos seis distritos costeiros. Há mais homens (8,6%) do que mulheres (4,6%) envolvidos em ocupações profissionais e técnicas, enquanto mais mulheres (18,2%) do que homens (6,0%) estão envolvidas em trabalho de vendas. É importante notar que em todos os distritos, exceto em Cape Coast, menos de 10% da população ativa está envolvida em actividades de serviços. Uma proporção significativa da população ativa trabalha por conta própria sem empregados. Os trabalhadores por conta de outrem representam 12,6 por cento da população ativa da região, mas no distrito de Cape Coast a proporção é muito mais elevada, 33,1 por cento. Os trabalhadores por conta própria com empregados e os aprendizes constituem 5,1% e 3,4%, respetivamente. Mais de 80 por cento da população ativa em todos os distritos trabalha no sector informal privado. Entre 6 e 20 por cento da população trabalhadora em todos os distritos está envolvida nos sectores público e semi-público/parastatal. O fenómeno das crianças trabalhadoras é também um problema em vários distritos onde cerca de 5 por cento das crianças com menos de 15 anos de idade estão envolvidas em actividades económicas.

A região pode ser dividida em duas partes: o litoral, que consiste em planícies onduladas com colinas isoladas e falésias ocasionais, caracterizadas por praias arenosas e pântanos em certas zonas, e o interior, onde o terreno se eleva entre 250 e 300 metros acima do nível do mar. A Região situa-se na zona equatorial seca e na zona semi-equatorial húmida. A precipitação anual varia entre 1.000 mm no litoral e cerca de 2.000 mm no interior. Os meses mais húmidos são maio-junho e setembro-outubro, enquanto os períodos mais secos ocorrem em dezembro-fevereiro e um breve período em agosto. A temperatura média mensal varia entre $24^0$ C no mês mais frio (agosto) e cerca de $30^0$ C nos meses mais quentes (março-abril). A savana costeira com pastagens e poucas árvores pode ser encontrada ao longo da costa, enquanto a floresta semi-decídua domina as áreas do interior. Estas condições tornam a região ideal para o cultivo de milho e outros cereais.

A região é dotada de ricos recursos naturais, tais como: ouro, berilo e bauxite no distrito de Upper Denkyira; petróleo e gás natural em Saltpond; caulino no distrito de Mfantsiman; diamantes em Nwomaso, Enikokow, Kokoso, todos no distrito de Asikuma-Odoben-Brakwa; argila, incluindo argila pigmentada, em todos os distritos; tantalite e columbite em Nyanyano no distrito de Awutu-Efutu-Senya

Distrito; quartzo, moscovite; e outros minerais como mica, granito, feldspato, bem como madeira em todas as áreas florestais; ricas zonas de pesca ao longo da costa; florestas e terras aráveis ricas (Coastal Network Consortium, 2011).

**Declaração do problema**

O desenvolvimento agrícola bem-sucedido exige um aumento da produção por unidade de terra e por trabalhador. Devido às restrições de recursos impostas aos pequenos produtores de culturas alimentares, estes não podem aumentar a produção através da aplicação de mais factores de produção (Dzadze *et al*, 2012). Assim, o aumento da eficiência da utilização dos factores de produção por estes agricultores torna-se uma alternativa viável para aumentar a produção com os recursos que já controlam. A avaliação periódica da eficiência ao nível da exploração agrícola e dos seus determinantes continua a ser um passo importante para ajudar a melhorar a eficiência da empresa agrícola.

Os níveis de eficiência dos produtores de milho na Região Centro, no acesso e utilização de insumos face às actuais condições dinâmicas do mercado, permanecem incertos. A informação muito limitada sobre a utilização de factores de produção na produção de milho é frequentemente obtida por inferência a partir de dados nacionais como os *factos e números do MOFA*, bem como os documentos do Inquérito sobre o Nível de Vida no Gana.

Além disso, os factores que determinam a sua eficiência na utilização dos recursos e os constrangimentos que enfrentam continuam a ser menos investigados. Os poucos estudos sobre os factores determinantes da eficiência da produção de milho na região (por exemplo, Essilfie *et al*, 2011) apenas determinaram a eficiência técnica entre os produtores de um distrito da região. No entanto, a eficiência técnica por si só não dá uma visão completa da eficiência do agricultor, uma vez que não aplica o preço aos factores de produção utilizados e aos produtos obtidos. Só pode ser utilizada para justificar os métodos do agricultor na exploração agrícola, mas pode ser limitada na avaliação do desempenho da empresa agrícola nos mercados de factores de produção e de produtos. Além disso, uma vez que a eficiência técnica apenas relaciona a quantidade de produção com a quantidade de factores de produção utilizados, não pode ter em conta a utilização de factores de produção que apenas aumentam a qualidade mas não aumentam a quantidade de produção. Espera-se que um produto de qualidade tenha um preço mais elevado, contribuindo assim para a eficiência de preços da empresa. Este facto torna essencial a determinação da eficiência dos custos, bem como da eficiência da afetação, uma vez que tem em consideração os preços praticados pelo agricultor nos mercados dos factores de produção e da produção.

Por conseguinte, é necessário efetuar um estudo holístico a nível regional sobre a eficiência da afetação dos recursos e os condicionalismos da produção de milho na região central do Gana.

**Objectivos do estudo**

O objetivo geral é analisar a eficiência da utilização dos recursos pelos produtores de milho da região central do Gana. Os objectivos específicos foram:

1. Descrever o estado da utilização de recursos na produção de milho na Região Central do Gana.

2. Determinar a eficiência da utilização dos recursos entre os produtores de milho da região.

3. Examinar os factores determinantes da eficiência da utilização dos recursos entre os produtores de milho da região.

4. Analisar os condicionalismos da produção de milho na Região Centro.

**Questões de investigação**

1. Qual é o estado da utilização de recursos na produção de milho na Região Central do Gana?

2. Qual é a eficiência da utilização de recursos entre os produtores de milho da região?

3. Quais são os factores determinantes da eficiência da utilização dos recursos entre os agricultores?

4. Quais são os constrangimentos enfrentados pelos produtores de milho na região?

**Hipóteses de investigação**

O estudo coloca as seguintes hipóteses sobre a eficiência da utilização dos recursos e os constrangimentos à produção de milho:

$H_0$: r > ou < 1; Os produtores de milho da Região Centro não são eficientes na afetação da terra, da mão de obra, do equipamento, dos fertilizantes e das sementes de que dispõem.

$H_1$: r = 1; Os produtores de milho da Região Centro são eficientes na afetação da terra, da mão de obra, do equipamento, dos fertilizantes e das sementes de que dispõem.

$H_0$: W = 0; não existe concordância entre os avaliadores dos constrangimentos associados à produção de milho na Região Central do Gana.

$H_i$: W > 0; existe concordância entre os avaliadores dos constrangimentos associados à produção de milho na Região Central do Gana.

Onde r é a eficiência alocativa da utilização de terra, mão de obra, equipamento, fertilizante e sementes. W é o coeficiente de concordância de Kendall

**Justificação do estudo**

Os recursos agrícolas, como todos os outros recursos económicos, são escassos e têm utilizações alternativas. Para justificar a aplicação de um recurso numa determinada atividade, o seu rendimento deve ser superior ao custo da sua utilização e deve ser superior ao que se verifica nas outras utilizações alternativas que lhe podem ser dadas. Assim, a eficiência da utilização dos recursos na agricultura é fundamental para aumentar a produção agrícola e atrair mais capital para a indústria agrícola. É, portanto, imperativo medir os níveis de eficiência na utilização dos recursos e identificar os factores responsáveis por esses níveis de eficiência entre os agricultores. O conhecimento dos níveis de eficiência e dos seus factores determinantes pode ajudar os decisores políticos a efetuar mudanças que possam levar a um aumento da produção por unidade de capital atualmente investido ou disponível para investimento na agricultura, face aos preços prevalecentes nos mercados de factores de produção e de produtos.

Teoricamente, o agricultor mais eficiente produz na fronteira de produção máxima e na fronteira de custo mínimo, a fim de maximizar os benefícios, *ceteris paribus*. Uma investigação dos níveis actuais de eficiência dos agricultores de milho na utilização dos recursos poderia ter implicações muito úteis para a investigação, a política e a atividade agrícola. Em suma, para melhorar a eficiência da utilização dos recursos, é necessário conhecer os níveis actuais de eficiência, bem como os seus factores determinantes. Espera-se que o estudo produza literatura sobre custos e eficiência alocativa, bem como sobre os constrangimentos da produção de milho para informar a política, mais investigação e investimentos na indústria do milho na região. Isto constitui a base deste estudo empírico dos produtores de milho da Região Central do Gana.

**Delimitação do estudo**

O estudo abrangeu a produção de milho pelos agricultores da Região Central do Gana. Foram investigadas as características dos agricultores e das explorações de milho. O estudo apenas tem em conta as actividades do agricultor na exploração, as vendas de milho à porta da exploração e as compras de factores de produção para a produção de milho. Por último, neste estudo apenas é contabilizada a produção de milho em grão dos agricultores.

**Pressupostos do estudo**

• As funções de fronteira pressupõem que todos os factores de produção foram tomados em consideração. No entanto, neste estudo, é possível levantar questões sobre se todos os factores de produção foram efetivamente tidos em conta, uma vez que os agricultores aparentemente ineficientes podem simplesmente utilizar menos certos factores de produção não medidos.

• Presume-se que a tecnologia utilizada pelos agricultores no estudo seja a mesma **Limitações do estudo**

• Não foi possível obter dados de painel, daí a utilização de dados transversais.

• A recolha de dados baseou-se principalmente nas estimativas dos próprios inquiridos e

Considerando que foram envidados esforços para garantir a exatidão dos relatórios, quaisquer erros de estimativa por parte dos inquiridos são transmitidos para a análise.

• O consumo doméstico de produtos não provenientes de cereais não foi contabilizado.

**Definição de termos, abreviaturas e acrónimos**

| AE | Allocative Efficiency |
|---|---|
| AEAs | Agricultural Extension Agents |
| CE | Cost Efficiency |
| DEA | Data Envelope Analysis |
| FAO | Food and Agricultural Organisation |
| GDP | Gross Domestic Product |
| GLSS | Ghana Living Standards Survey |
| GSS | Ghana Statistical Service |
| IITA | International Institute of Tropical Agriculture |
| ISSER | Institute of Statistical Social and Economic Research |
| MFC | Marginal Factor Cost |
| MiDA | Millennium Development Authority |
| MLE | Maximum Likelihood Estimates |
| MoFA | Ministry of Food and Agriculture |
| MVP | Marginal Value Product |
| NGOs | Non-Governmental Organisations |
| RE | Revenue Efficiency |
| SFP | Stochastic Frontier Production |
| TE | Technical Efficiency |
| Translog | Transcendental Logarithm |
| WFP | World Food Programme |

O estudo está organizado em cinco capítulos. O primeiro capítulo é constituído pela introdução, que inclui os antecedentes do estudo, o enunciado do problema de investigação, os objectivos, as questões de investigação, a justificação, os pressupostos, as limitações, as delimitações, as definições e a organização do capítulo. A revisão da literatura teórica e empírica relevante sobre a eficiência dos custos, a eficiência da utilização dos recursos e os constrangimentos associados à produção de milho constituem o capítulo dois. O capítulo três descreve a metodologia e o capítulo quatro discute os resultados empíricos. O capítulo cinco apresenta o resumo, as conclusões e as recomendações.

# CAPÍTULO 2

## REVISÃO DA LITERATURA

### Introdução

Este capítulo analisa trabalhos relacionados, de modo a obter teorias e provas empíricas para apoiar o estudo. O capítulo analisa a literatura sobre a cultura do milho e as questões metodológicas relacionadas com os custos e a eficiência técnica, a análise marginal da utilização de factores de produção e os constrangimentos com que se confrontam os produtores de milho na Região Central do Gana.

### Utilização de recursos na produção

A utilização dos recursos está no cerne do tema da economia. Muita da literatura económica debruça-se sobre a aquisição de inputs, a conversão de inputs em outputs e a distribuição de outputs. Samuelson e Nordhaus (1998) definem assim a economia como o "estudo da forma como as sociedades utilizam recursos escassos para produzir bens valiosos e distribuí-los entre diferentes pessoas". A identificação dos recursos e a investigação da forma como são combinados para produzir um produto conhecido é importante para a análise da eficiência produtiva da empresa agrícola. Assim, nesta secção é apresentada uma revisão dos conceitos relacionados com a utilização dos recursos na produção e alguma informação existente sobre a utilização dos factores de produção na produção.

A concetualização do que constituem os inputs em relação aos outputs que geram ou que se espera que gerem e a medição dos níveis de utilização desses inputs colocam frequentemente sérios desafios. Varian (1992) oferece uma abordagem valiosa. Para estudar as escolhas da empresa, precisamos de uma forma conveniente de resumir as possibilidades de produção da empresa, ou seja, as combinações de inputs e outputs que são tecnologicamente viáveis. Os níveis de inputs e outputs são medidos em termos de quantidade de inputs por período de tempo utilizado para produzir uma certa quantidade de outputs por unidade de tempo (Varian, 1992). A utilidade de incluir explicitamente uma dimensão temporal numa especificação dos inputs e outputs é que será menos provável utilizar unidades incomensuráveis, confundir stocks e fluxos, ou cometer outros erros elementares. Um exemplo pode ser a medição do tempo de trabalho em horas por semana; a medição dos serviços de capital em horas por semana; e a produção em unidades por semana.

No entanto, quando se discute a escolha da tecnologia pela empresa, Varian indica que é comum omitir a dimensão temporal. Também se pode querer distinguir entre inputs e outputs pelo tempo de calendário em que estão disponíveis, pelo local em que estão disponíveis e até pelas circunstâncias em que se tornam disponíveis. Ao definir os inputs e outputs em função do momento e do local em que estão disponíveis, podemos captar alguns aspectos da natureza temporal ou espacial da produção.

Mills (1952) discute os factores que determinam a utilização dos factores de produção na sociedade e afirma que os fins para os quais os recursos produtivos são utilizados são os indicadores mais significativos do seu padrão de vida. Estes objectivos reflectem os desejos e as necessidades colectivas dos indivíduos que compõem a sociedade (Nicholson, 2001). Os desejos básicos de alimentação, vestuário e abrigo, os desejos de satisfação acima dos níveis de subsistência, o papel dos bens instrumentais no processo produtivo e as compulsões impostas pelas necessidades de guerra ou defesa manifestam-se nos padrões de utilização que prevalecem em determinados momentos. Tais usos, no agregado, são mostrados pelas classificações familiares do rendimento nacional e do produto nacional que foram desenvolvidas nas últimas décadas para este e outros países. Mills (1952) considera que os recursos económicos são utilizados para três grandes fins - manutenção, defesa e progresso. A população deve ser sustentada a um nível de consumo estabelecido; o stock existente de equipamento de capital deve ser mantido para que não haja retrocesso através da depreciação e da obsolescência; devem ser providenciados meios de defesa contra ataques do exterior. Observa ainda que só depois de satisfeitas estas necessidades é possível o progresso económico. Este progresso pode assumir a forma de um aumento do nível de consumo (ou seja, um aumento da despesa média per capita em bens e serviços de consumo) ou de um aumento líquido do stock de capital.

A terra, a mão de obra e o capital são recursos utilizados em muitos processos de produção. No Gana, 57,1% (13.628.179ha) da área total de terra pode suportar a produção agrícola, mas apenas 7.846.551ha estão atualmente a ser cultivados (MoFA, 2011). Em 2010, 992000ha desta terra foram cultivados com milho. A terra que pode apoiar a agricultura também acolhe a força de trabalho na agricultura. Esta é estimada em 4.199.185 pessoas, representando 50,6% da força de trabalho nacional (GSS, 2012). A utilização dos factores de produção acima mencionados tem um custo. Isto exige eficiência na sua aplicação durante o processo de produção.

**Significado e medição da eficiência da produção**

**Quadro concetual do estudo**

Os conceitos de produção máxima com os factores de produção disponíveis (eficiência técnica) e de utilização óptima desses recursos para maximizar os lucros, tendo em conta os preços dos factores de produção (eficiência alocativa), são ilustrados graficamente nas figuras seguintes. A explicação é dada através de um exemplo simples de um processo de produção com duas entradas ($x_1$, $x_2$)-duas saídas ($y_1$, $y_2$) (nas figuras 1 e 2). A eficiência pode ser considerada em termos da combinação óptima de inputs para atingir um determinado nível de produção (uma orientação para o input), ou a produção óptima que pode ser produzida dado um conjunto de inputs (uma orientação para o output) (Sentumbwe, 2007).

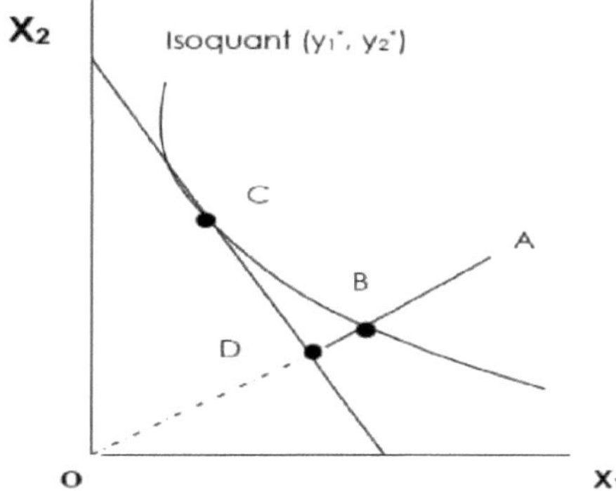


Figura 1: Medidas de eficiência orientadas para os factores de produção

Fonte: Kumbhaker e Lovell (2000)

A empresa está a produzir um determinado nível de produção ($y_1$ *, $y_2$ *) utilizando uma combinação de factores de produção definida pelo ponto A na Figura 1. O mesmo nível de produção poderia ter sido produzido contraindo radialmente a utilização de ambos os factores de produção até ao ponto B, que se situa na isoquanta associada ao nível mínimo de factores de produção necessário para produzir ($y_1$ *, $y_2$ *) (Isoquanta [$y_1$ *, $y2$*]). O nível de eficiência técnica orientado para os factores de produção (TE$_1$ (y, x)) é definido por 0B/0A. No entanto, a combinação de factores de produção de menor custo que produz ($y_1$ *, $y2$*) é dada pelo ponto C (o ponto em que a taxa marginal de substituição técnica é igual ao rácio dos preços dos factores de produção $w_2$ /$w_1$ ). Para atingir o mesmo nível de custo (despesa em factores de produção), os factores de produção teriam de ser mais contratados até ao ponto D. A eficiência de custos (CE(y, x, w)) é, portanto, definida por 0D/0A. A eficiência alocativa dos factores de produção (AE$_1$ (y, w, w)) é subsequentemente dada por CE(y, x, w)/TE$_1$ (y, x), ou 0D/0B (Coelli, 1996).

A figura 2 ilustra a fronteira de possibilidade de produção para um determinado conjunto de factores de produção. Se os factores de produção utilizados pela empresa forem utilizados de forma eficiente, a produção da empresa, produzindo no ponto A, pode ser expandida radialmente até ao ponto B. Assim, a medida de eficiência técnica orientada para a produção (TE$_0$ (y, x)), pode ser dada por 0A/0B. Embora o ponto B seja tecnicamente eficiente, no sentido em que se situa na fronteira de possibilidade de produção, poderiam ser obtidas receitas mais elevadas produzindo no ponto C (o ponto em que a taxa marginal de transformação é igual ao rácio de preços ($p_2$/$p_1$ ).

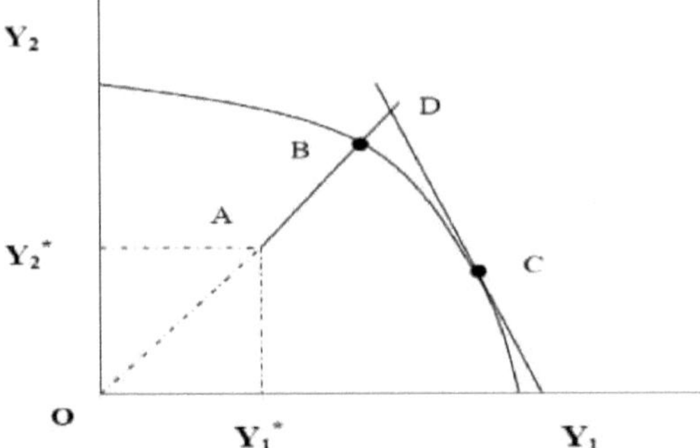

Figura 2: Medidas de eficiência orientadas para os resultados

Fonte: Kumbhaker e Lovell (2000)

Neste caso, deve produzir-se mais de $y_1$ e menos de $y_2$ para maximizar as receitas. Para atingir o mesmo nível de receita que no ponto C, mantendo a mesma combinação de input e output, a produção da empresa teria de ser expandida para o ponto D. Assim, a eficiência da receita (RE(y, x, p)) é dada por 0A/0D. A eficiência alocativa da produção (AE$_0$ (y, w, w)) é dada por RE(y, x, w)/TEI(y, x), ou 0B/0D na Figura 2 (Coelli, 1996).

A eficiência na utilização dos recursos é alcançada quando o produtor utiliza os recursos com o menor custo possível para obter o máximo rendimento. A capacidade do produtor para atingir este objetivo é influenciada por fontes de ineficiência. Neste estudo, a menor combinação de terra, mão de obra, equipamento, fertilizantes e sementes para minimizar os custos (eficiência de custos) é influenciada por fontes de ineficiência como a extensão, a idade, o género, a experiência, a dimensão do agregado familiar e o crédito. Kumbhakar (1994) observou que quando um produtor com o objetivo de maximizar o lucro comete erros de atribuição que resultam em ineficiência, então o agricultor é considerado ineficiente em termos de custos.

**Medição da eficiência**

Farrel (1957) foi o primeiro nos últimos tempos a introduzir a medida da eficiência produtiva. A sua medida de eficiência produtiva foi capaz de ultrapassar o problema associado às medidas tradicionais de produtividade média. Propôs que a eficiência fosse medida em termos de desempenho relativo e não de desempenho absoluto. Farrell também distinguiu três tipos de eficiência: (1) eficiência técnica, (2) eficiência de preços ou alocativa e (3) eficiência económica, que é a combinação das duas primeiras. A eficiência técnica é um conceito de engenharia que se refere à relação input-output. Diz-se que uma empresa é eficiente se estiver a operar na fronteira de produção. Por outro lado, diz-se que uma empresa é tecnicamente ineficiente quando não consegue atingir a produção máxima a partir de determinados factores de produção ou não opera na fronteira de produção.

As várias abordagens para medir a eficiência podem ser classificadas em métodos paramétricos e não paramétricos. A diferença entre os dois reside na especificação de uma forma funcional, *a priori*. Enquanto os métodos paramétricos se limitam a uma forma funcional, os métodos não paramétricos baseiam-se unicamente em observações amostrais que são utilizadas para construir uma fronteira de produção. Os métodos não paramétricos, originalmente propostos por Farrell (1957), utilizaram o espaço de input output unitário para criar uma isoquanta de fronteira dentro do conjunto de possibilidades de produção (Khanna, 2006). A fronteira foi determinada por uma combinação única ou convexa de unidades eficientes que foram depois comparadas com unidades ineficientes para calcular o grau de ineficiência. Este método foi mais tarde aplicado ao caso de entradas e saídas múltiplas (Murillo-Zamorano, 2004).

As técnicas paramétricas são ainda classificadas em métodos determinísticos e estocásticos. Os métodos determinísticos remontam ao trabalho de Farell (1957), que introduziu a ideia de métodos paramétricos que utilizam a função de produção Cobb-Douglas para estimar um casco convexo de rácios observados de entradas e saídas. A sugestão de Farell (1957) foi posteriormente desenvolvida e testada por Aigner e Chu (1968), Afriat (1972) e Richmond (1994).

O conceito de medir a eficiência da utilização dos factores de produção está atualmente presente em muitos domínios e indústrias. Como já foi referido, a medição da eficiência económica tem sido feita através de técnicas de fronteira paramétricas e não paramétricas, que têm sido aplicadas a uma vasta gama de domínios da economia. Podem referir-se Hunt-McCool, Koh e Francis (1996) ou Stanton (2002) em finanças; Adams, Berger e Sickles (1999); Fernandez, Koop e

Steel (2000a) ou Lozano-Vivas e Humprey (2002) na banca; Wadud e White (2000) ou Zhang (2002) na agricultura; Reinhard, Lovell e Thijssen (1999) ou Amaza e Olayemi (2002) na economia do ambiente; Perelman e Pestieau (1994) ou Worthington e Dollery (2002) na economia pública; ou Pitt e Lee (1981) e Thirtle, Shankar, Chitkara, Chatterjee e Mohanty (2000) em economia do desenvolvimento, são apenas alguns exemplos recentes citados por Murillo-Zamorano (2004) da relevância que economistas de diversos domínios aplicados atribuem à medição da eficiência.

Cada um dos métodos de medição da eficiência acima referidos tem as suas deficiências quando utilizado exclusivamente. No entanto, apesar da falta de precisão que a utilização exclusiva de métodos paramétricos ou não paramétricos pode causar devido às suas limitações inerentes, e para além das importantes implicações que as estimativas apresentadas por estes métodos podem ter na formulação de políticas, poucas tentativas foram feitas na literatura recente para comparar a proximidade de ambos os tipos de abordagens de fronteira. A este respeito, um dos estudos comparativos pioneiros é o de Ferrier e Lovell (1990). Estes autores mediram a eficiência dos custos dos bancos americanos utilizando um conjunto de dados de 575 unidades com cinco outputs e três inputs cada. Para a análise paramétrica, especificam uma função de custo dupla translog estocástica de fronteira de custos. A fronteira de custos é estimada através do procedimento de máxima verosimilhança. A abordagem não paramétrica é determinística e segue o modelo DEA devido a Banker, Charnes e Cooper (1984), que constataram uma "falta de harmonia estreita" entre os dois conjuntos de resultados de eficiência, mas resultados mais semelhantes no que respeita às propriedades de retorno à escala. De acordo com a sua interpretação dos resultados, as diferenças entre as abordagens são explicadas pelo facto de se ter comparado uma especificação estocástica com uma determinística.

Tendo em conta os estudos acima citados, Bjurek, Hjalmarsson e Forsund (1990) compararam duas especificações paramétricas, uma função Cobb-Douglas e uma função quadrática flexível, ambas determinísticas, com uma fronteira determinística não paramétrica com base nas técnicas DEA. Utilizaram um conjunto de dados de cerca de 400 serviços de segurança social, especificando quatro outputs e um input. Neste caso, os dois modelos paramétricos produzem resultados bastante próximos. No que respeita à abordagem não paramétrica, a DEA envolve os dados mais estreitamente do que os modelos paramétricos, resultando em unidades mais eficientes. Forsund (1992) também efectua uma análise comparativa das abordagens paramétricas e não paramétricas de uma fronteira determinística. Como resultado, uma fronteira determinística homotética com uma função kernel Cobb-Douglas e uma análise de envelopamento de dados são aplicadas a um conjunto de dados que abrange o caso dos ferries noruegueses em 1988. As conclusões de Forsund (1992)· diferem das de Ferrier e Lovell (1990)· no que respeita às propriedades de escala, mas não às distribuições de eficiência, em que ambos os métodos apresentam distribuições bastante semelhantes, mais de acordo com a conclusão geral de Bjurek, Hjalmarsson e Forsund (1990). Mais tarde, Ray e Mukherjee (1995) voltaram a analisar o conjunto de dados de Christensen e Greene (1976) sobre os serviços de eletricidade. Greene (1990) tinha anteriormente utilizado o mesmo conjunto de dados para estimar os resultados de eficiência individual através de várias especificações alternativas de fronteira estocástica. Ray e Mukherjee comparam os resultados de Greene (1990) com os que resultam da aplicação de técnicas DEA. Seguindo Varian (1984) e Banker e Maindiratta (1988), obtêm limites superiores e inferiores de eficiência de custos para cada observação. Ao utilizarem esta extensão da DEA, Ray e Mukherjee (1995) concluem que os índices de eficiência calculados segundo este procedimento estão próximos dos estimados por várias técnicas paramétricas.

Cummins e Zi (1998) mediram a eficiência de custos para um conjunto de dados de 445 seguradoras de vida durante o período 1988-1992, utilizando uma variedade de técnicas de fronteira paramétricas e não paramétricas. Avaliam estas técnicas alternativas de acordo com quatro critérios: níveis médios de eficiência, correlações de classificação dos níveis de eficiência, a consistência dos métodos na identificação das unidades com melhores e piores práticas e a correlação dos resultados de eficiência com as medidas convencionais de desempenho. Ao fazê-lo, concluem que a escolha do método de estimativa da eficiência pode ter um efeito significativo nas conclusões de um estudo de eficiência. De qualquer modo, recomendam também a utilização de mais do que um método para a medição da eficiência económica, a fim de evitar erros de especificação.

Chakraborty, Biswas e Lewis (2001) avaliaram a eficiência técnica no ensino público utilizando métodos estocásticos paramétricos e determinísticos não paramétricos. Definem uma função de produção educativa para 40 distritos escolares do Utah, com um único produto, um conjunto de factores de produção escolares associados às actividades de ensino e às actividades não relacionadas com o ensino, sob o controlo da direção da escola, e factores de produção não escolares, incluindo o estatuto dos alunos e outros factores ambientais que podem influenciar a produtividade dos alunos. A especificação estocástica pressupõe distribuições semi-exponenciais e exponenciais para o termo de erro de ineficiência, ao passo que a especificação determinística utiliza um modelo DEA em duas fases em que os níveis de eficiência de uma DEA orientada para a produção, utilizando apenas factores de produção escolares controláveis, são regredidos nos factores de produção não escolares utilizando um modelo de regressão Tobit. De acordo com as suas conclusões, Chakraborty, Biswas e Lewis (2001) afirmam que os investigadores podem selecionar com segurança qualquer um dos métodos acima referidos sem grande preocupação de que essa escolha tenha uma grande influência nos resultados empíricos.

Por último, mas não menos importante, Murillo Zamorano e Vega-Cervera (2001) aplicaram um vasto leque de técnicas econométricas e de programação matemática de fronteiras a uma organização industrial correspondente a uma amostra de 70 empresas americanas de eletricidade (propriedade dos investidores) em 1990. Os seus resultados sugerem que a escolha entre técnicas paramétricas ou não paramétricas, abordagens determinísticas ou estocásticas, ou entre diferentes hipóteses de distribuição no âmbito de técnicas estocásticas, parece não ser relevante se se estiver interessado em classificar as unidades produtivas em termos dos seus resultados individuais de eficiência. Murillo-Zamorano e Vega-Cervera (2001) centraram-se na definição de um quadro para a utilização conjunta destas técnicas, a fim de evitar os pontos fracos inerentes a cada uma delas e beneficiar dos aspectos fortes dos dois métodos. As suas conclusões também encorajam o desenvolvimento contínuo da colaboração entre métodos paramétricos e não paramétricos.

**Importância das medições de eficiência**

A presença de défices de eficiência significa que a produção pode ser aumentada sem a necessidade de factores de produção convencionais adicionais e sem a necessidade de novas tecnologias. Se for este o caso, são necessárias medidas empíricas de eficiência, à semelhança das acima referidas, para determinar a magnitude dos ganhos que poderiam ser obtidos melhorando o desempenho da produção agrícola com uma determinada tecnologia. Uma implicação política importante decorrente de níveis significativos de ineficiência é que pode ser mais rentável obter aumentos a curto prazo da produção agrícola e, portanto, do rendimento, concentrando-se na melhoria da eficiência e não na introdução de novas tecnologias (Belbase & Grabowski, 1985; Shapiro & Müller, 1977).

A medição da eficiência é importante porque conduz a uma poupança substancial de recursos (Bravo-Ureta & Rieger, 1991) por três razões principais: Em primeiro lugar, é um indicador de sucesso e uma medida de desempenho através da qual as unidades de produção são avaliadas. Em segundo lugar, a exploração de hipóteses sobre as fontes do diferencial de eficiência só é possível medindo a eficiência e separando os seus efeitos dos efeitos do ambiente de produção. Em terceiro lugar, a identificação das fontes de ineficiência é importante para a instituição de políticas públicas e privadas destinadas a melhorar o desempenho. Uma das estratégias para aumentar a produção agrícola consiste numa combinação de medidas destinadas a aumentar o nível de recursos, bem como a utilizar de forma eficiente os recursos já afectados ao sector agrícola (Adeyemo, Oke, & Akinola, 2010).

Uma forma de aumentar a produção dos pequenos agricultores é utilizar eficientemente todos os recursos disponíveis no processo de produção. Olayide e Heady (1982) indicaram que os factores de produção mais produtivos e eficientemente utilizados são a mão de obra, as sementes e o equipamento agrícola. A terra, enquanto recurso, é utilizada de forma eficiente através de práticas de cultivo itinerantes e de outros sistemas de cultivo, mas o potencial total da terra, do capital e dos recursos de trabalho ainda não foi utilizado de forma eficiente para uma produção óptima. A medição da eficiência consiste em investigar os níveis de eficiência dos agricultores envolvidos em actividades agrícolas. Uma das principais tarefas da análise da eficiência é identificar os factores determinantes dos níveis de eficiência. Como alguns estudos empíricos mencionam, os agricultores dos países em desenvolvimento não conseguem tirar pleno partido do potencial da tecnologia, tomando assim decisões ineficientes.

**Alguns desafios associados às medições de eficiência**

Aigner *et al* (1977) e Meeusen e van der Broeck (1977) introduziram independentemente fronteiras de produção estocásticas, em que a fronteira de cada empresa é limitada acima, mas pode variar entre empresas. Assim, a eficiência de cada empresa é medida em relação à sua própria fronteira e não em relação a uma fronteira setorial.

A diferença entre os métodos de medição determinísticos e estocásticos reside no tratamento do termo de erro. Nos métodos determinísticos, o erro é implicitamente assumido e não faz distinção entre as variáveis não observadas que estão fora do controlo do agente e as que estão dentro do mesmo. Os modelos estocásticos decompõem o termo de erro em ruído puramente estatístico (que está fora do controlo do agente de produção) e ineficiência (um termo de erro unilateral).

Os métodos paramétricos, como o método da fronteira de produção estocástica, oferecem aos investigadores a possibilidade de testar as suas hipóteses, mas limitam-nas a certas relações de produção assumidas pelas formas funcionais utilizadas. Trata-se de técnicas de programação matemática ou de métodos de estimação econométrica. Os métodos paramétricos determinísticos utilizam quer técnicas de programação matemática (Aigner & Chu, 1968) quer técnicas de estimação econométrica. Os métodos paramétricos estocásticos utilizam apenas técnicas econométricas, como os métodos de máxima verosimilhança ou os mínimos quadrados ordinários corrigidos, que são utilizados para estimar e não para calcular a fronteira de eficiência (Kumbhakar & Lovell, 2000). Os métodos não-paramétricos, como a Análise de Envoltória de Dados (DEA), baseiam-se na programação matemática aplicada a observações amostrais para construir uma fronteira de produção e que são utilizadas para calcular os índices de eficiência. A vantagem do método DEA reside na sua flexibilidade, uma vez que não requer a especificação de uma forma funcional. No entanto, é inteiramente baseado em dados e extremamente sensível a valores atípicos.

**Estudos empíricos sobre a eficiência da utilização dos recursos**

Foram efectuados alguns estudos para estimar a eficiência da utilização dos recursos na produção agrícola. Entre os identificados contam-se Paudel e Matsuoka (2009); Issahaku *et al* (2011); Aneani *et al* (2011); Chukwuji *et al* (2006); Bravo-Ureta e Pinheiro (1997); Kibirige (2008); Inoni (2007); Kumbhakar e Bhattacharyya (1992); Ogundari (2008); Chiona (2011); e Odoemenem, Alimba e Ezike (2008).

Paudel e Matsuoka (2009) analisaram a eficiência dos custos da produção de milho no distrito de Chitwan, no Nepal, com vista a prever a eficiência económica utilizando a função de custo de fronteira estocástica. As estimativas de máxima verosimilhança (ML) dos parâmetros revelaram que os coeficientes estimados do custo do trator, da força animal, da mão de obra, dos fertilizantes, do estrume, das sementes e da produção de milho tinham coeficientes positivos e eram significativos ao nível de 5%. Além disso, as estimativas quantitativas obtidas a partir da função de custo mostram uma eficiência de custo média de 1,634, indicando que uma exploração agrícola média de milho do estudo incorreu em cerca de 63% de custos acima do custo de fronteira, uma indicação de ineficiência. Além disso, os anos significativos de escolaridade do chefe de família e a área de milho no modelo de ineficiência indicaram o efeito positivo destes factores na eficiência de custos das explorações. A partir da análise do efeito de escala entre as explorações de milho, foi revelado que as explorações de milho registaram um retorno crescente à escala, ou seja, a produção aumentou mais proporcionalmente do que o custo total de produção.

Issahaku *et al* (2011) efectuaram uma análise da eficiência da afetação dos métodos de transformação da manteiga de carité na região norte do Gana. Os resultados deste estudo mostram que os índices de eficiência da afetação foram a mão de obra (1,6) e o capital (0,2) para a tecnologia melhorada de transformação de manteiga de carité, a mão de obra (1,8) e o capital (1,0) para a tecnologia de prensa de ponte e a mão de obra (0,5) e o capital (0,5) para a tecnologia tradicional de transformação de óleo de palma. Enquanto a mão de obra foi subutilizada nas tecnologias melhoradas e de prensa de ponte, foi sobreutilizada na tecnologia de transformação tradicional. Isto implica que a mão de obra foi paga mais do que o valor marginal do produto na tecnologia de transformação tradicional. Do mesmo modo, o capital foi sobreutilizado nas tecnologias melhorada e tradicional, mas utilizado de forma óptima na tecnologia de prensagem em ponte.

Aneani *et al* (2011) realizaram um estudo empírico para determinar a eficiência económica da produção de cacau no Gana. As estimativas de eficiência alocativa para a quantidade de fertilizante aplicado, a dimensão da empresa de cacau, a quantidade de insecticidas, a dimensão do agregado familiar e a quantidade de fungicidas foram de 19,56, 0,55, 2,63, 13,97 e 6,00, respetivamente. O tamanho do agregado familiar, os insecticidas, os fungicidas e o fertilizante foram subutilizados para o cultivo do cacau, uma vez que os seus rácios de eficiência correspondentes são superiores a um. Com base nos resultados, os processadores precisam de aumentar a utilização dos recursos subutilizados. No entanto, a terra representada pela dimensão da empresa de cacau é sobreutilizada devido ao facto de o seu rácio de eficiência estimado ser inferior a um e a sua utilização deve ser reduzida.

Kibirige (2008) analisou o impacto do programa de aumento da produtividade agrícola na eficiência alocativa dos processadores de milho no distrito de Masindi. Os resultados indicam que, enquanto os rácios de eficiência dos transformadores do Programa de Melhoria da Produtividade Agrícola (APEP) para o trabalho humano, sementes plantadas e força de tração animal eram de 0,68, 0,92 e 0,22, respetivamente, as pontuações de eficiência para os transformadores não APEP eram de trabalho humano (0,001), força de tração animal (0,12) e entrada de sementes (2,42). Uma vez que os níveis de eficiência alocativa de ambos os grupos de transformadores eram diferentes de uma pontuação de 1, os recursos foram afectados de forma ineficiente. Por conseguinte, os factores de produção foram utilizados em excesso na transformação do milho e os factores de produção de sementes foram utilizados de forma insuficiente pelos transformadores não pertencentes ao PAEP. Este desempenho pode dever-se a uma formação limitada ou a contactos de extensão responsáveis pela disseminação de conhecimentos técnicos.

Ogundari (2008) estimou a eficiência alocativa dos transformadores de arroz de sequeiro na Nigéria para determinar se os transformadores utilizam em excesso, subutilizam ou utilizam de forma óptima o seu nível de insumos. Os resultados do estudo mostraram que nenhum dos transformadores utilizou de forma óptima os seus factores de produção. No entanto, os resultados mostraram que, no que diz respeito à terra, cerca de 72% e 28% dos transformadores subutilizaram e sobreutilizaram os factores de produção, respetivamente. Além disso, no caso das sementes, cerca de 89% e 11% dos transformadores utilizaram menos e mais os factores de produção, respetivamente. Cerca de 3% e 97% subutilizaram e sobreutilizaram a mão de obra, respetivamente. Quase 64% e 36% subutilizaram e sobreutilizaram fertilizantes, respetivamente, enquanto cerca de 80% e 20% subutilizaram e sobreutilizaram herbicidas, respetivamente. A implicação destas conclusões é que o aumento da utilização de terra, sementes, fertilizantes e herbicidas aumentará o lucro total, minimizando os custos destas variáveis de uma forma eficiente, enquanto o aumento da utilização de mão de obra reduzirá o lucro total. Por conseguinte, a dimensão da mão de obra empregue deve ser reduzida para aumentar a margem de lucro dos transformadores.

Inoni (2007) examinou a utilização eficiente de recursos na produção de peixes em tanques no Estado do Delta, Nigéria. As estimativas de eficiência alocativa para o tamanho do tanque, recursos alimentares, alevins, mão de obra e custos fixos foram 3,22, 0,0025, 0,00064, - 0,00017 e 0,00025, respetivamente. Enquanto o tamanho do tanque foi subutilizado, todos os outros factores de produção utilizados no processamento do peixe foram sobreutilizados, o que implica uma alocação sub-óptima dos recursos na produção de peixe. Com base nos resultados, os processadores de peixe no estado do Delta, na Nigéria, precisam de reduzir o uso de insumos de produção sobreutilizados para alcançar uma alocação óptima de recursos. Isto aumentaria a produtividade dos recursos, aumentaria a produção e, por conseguinte, aumentaria as receitas e os rendimentos líquidos.

Chukwuji *et al* (2006) efectuaram um estudo quantitativo para determinar a eficiência da afetação da produção de frangos de carne no estado do Delta, na Nigéria. Os resultados do estudo revelaram que as estimativas da eficiência da afetação para a dimensão dos efectivos, as despesas de alimentação, as despesas variáveis e os factores de produção de capital fixo eram de 24,9, 24,8, - 4,6 e 11,9, respetivamente. Com base nos resultados, considera-se que as empresas de transformação são ineficientes em termos de afetação. Os transformadores precisam de aumentar a quantidade dos factores de produção para poderem maximizar os lucros, uma vez que o valor marginal do produto é superior aos custos marginais dos factores de produção ou ao preço unitário dos factores de produção.

Kumbhakar e Bhattacharyya (1992) utilizaram uma função de produção Cobb-Douglas e adoptaram uma função de lucro restrita na estimativa das distorções de preços e da eficiência da utilização dos recursos na Índia. Os resultados da investigação mostraram que a estimativa da eficiência baseada nos preços de mercado não era adequada devido à existência de distorções de preços que conduzem a mercados imperfeitos e à ineficiência da afetação. Os investigadores argumentaram que o custo de oportunidade dos recursos nem sempre se reflecte nos preços de mercado e que as estimativas baseadas nesses preços podem levar a conclusões erradas. No entanto, pode dizer-se que os preços podem não conduzir a diferenças significativas na estimativa, uma vez que podem ser uniformes num determinado local.

Chiona (2011) constatou que a eficiência alocativa dos pequenos agricultores de milho na Zâmbia é de 12%, sendo que apenas 0,27% dos agricultores são eficientes. O estudo também mostrou que há espaço para um maior aumento da produção sem aumentar o nível e o custo dos factores de produção. A produção pode ser aumentada em 85% sem alterar o nível de utilização dos factores de produção. O custo também pode ser reduzido em 88% sem alterar o nível de produção. Além disso, verificou-se que a utilização de fertilizantes e de sementes híbridas certificadas melhorava a eficiência técnica e de afetação dos produtores de milho.

Bravo-Ureta e Pinheiro (1997) realizaram um estudo para estimar as eficiências económica, técnica e de afetação da agricultura camponesa na República Dominicana. Os resultados indicaram que a eficiência dos agricultores era de 0,44. Estes resultados estão em conformidade com uma eficiência de afetação de 0,43 para uma amostra de produtores de trigo e de milho no Paquistão, embora as explorações camponesas no Paraguai sejam mais eficientes, com uma eficiência de afetação de 0,70 e 0,88, em comparação com as explorações camponesas na República Dominicana (Bravo-Ureta & Pinheiro, 1997).

Odoemenem, Alimba e Ezike (2008), num estudo sobre explorações de culturas cerealíferas no estado de Benue, na Nigéria, descobriram que a eficiência alocativa variava muito entre as explorações, entre 1,00 e 1,62 e uma eficiência alocativa média de 1,13, sugerindo que a eficiência alocativa da mobilização de recursos de capital para a produção de culturas cerealíferas poderia ser aumentada em 62% através de uma melhor mobilização e afetação de recursos de capital, dado o atual estado da tecnologia.

**Estudos empíricos dos factores determinantes da eficiência na utilização dos recursos**

De acordo com Kumbhakar e Bhattachury (1992), existem vários factores socioeconómicos, demográficos, institucionais, ambientais e não físicos que afectam a eficiência. Estes incluem o género, a idade, o nível de educação, a dimensão do agregado familiar, a experiência na agricultura, a utilização de sementes híbridas, o acesso ao crédito, o trabalho fora da exploração agrícola, a filiação numa organização de agricultores, a monocultura e a posse da terra, entre outros (Abdulai & Eberlin, 2001).

Podemos mencionar Essilfie *et al* (2011) que descobriram que a eficiência técnica média da produção de milho em pequena escala no município de Mfantseman da região é de 58%; no entanto, esta varia entre 17 e 99%. Notaram uma variabilidade distinta e inter-género na eficiência técnica nas aldeias produtoras de milho. Além disso, o número de anos de escolaridade que o agricultor teve no ensino formal, a idade do agricultor, a dimensão do agregado familiar e as actividades de rendimento extra-agrícola do agricultor têm impacto na eficiência técnica.

Helfand e Levine (2004) exploraram os determinantes da eficiência técnica e a relação entre tamanho da fazenda e eficiência, no Centro-Oeste do Brasil. As medidas de eficiência foram regredidas num conjunto de variáveis explicativas que incluíam a dimensão da exploração agrícola, o tipo de posse da terra, a composição da produção, o acesso a instituições e indicadores de tecnologia e utilização de factores de produção. A relação entre o tamanho da fazenda e a eficiência foi considerada não linear. A eficiência começou por diminuir e depois começou a aumentar com a dimensão da exploração. O tipo de posse de terra, o acesso a instituições e mercados e os factores de produção modernos foram considerados determinantes importantes das diferenças de eficiência entre explorações agrícolas.

Rios e Shively (2005) também analisaram a relação entre a dimensão das explorações agrícolas e a eficiência. Centraram-se na eficiência das pequenas explorações de café no Vietname, onde foi utilizada a abordagem de análise em duas fases. Na primeira fase, as medidas de eficiência técnica e de custos são calculadas utilizando a DEA. Na segunda fase, foi utilizada a regressão Tobit para identificar os factores correlacionados com a ineficiência técnica e de custos. Os resultados indicaram que as pequenas explorações eram menos eficientes do que as grandes e que as ineficiências observadas nas pequenas explorações pareciam estar relacionadas, em parte, com a escala dos investimentos em infra-estruturas de irrigação.

Chirwa (2007) debruçou-se sobre as fontes de eficiência técnica entre os pequenos agricultores do sul do Malawi. Os resultados econométricos mostraram que muitos pequenos agricultores de milho são tecnicamente ineficientes, com pontuações médias de eficiência técnica de 46% e pontuações técnicas tão baixas como 8%. Os níveis médios de eficiência eram mais baixos, mas comparáveis aos obtidos noutros países africanos, cujas médias variam entre 55% e 79%. Os resultados também apoiam a hipótese de que a eficiência técnica aumenta com o uso de sementes híbridas e a filiação a um clube. Uma das variáveis utilizadas para captar a adoção de tecnologia mostrou que a aplicação de fertilizantes não explica as variações na ineficiência técnica. Isto pode implicar que a maioria dos agricultores que utilizam estas tecnologias as utilizam de forma inadequada em pequenas propriedades.

Ao examinar a eficiência técnica dos sistemas alternativos de posse da terra entre os pequenos agricultores, Kuriuki *et al* (2008) realizaram um estudo no Quénia para identificar os factores determinantes da ineficiência, com o objetivo de explorar políticas de posse da terra que aumentassem a eficiência da produção. O estudo baseou-se no entendimento de que a posse da terra, por si só, não era suficiente para indicar os níveis de eficiência das explorações agrícolas individuais. Esperava-se que outros factores socioeconómicos, como o género, a educação e a dimensão da exploração, fossem determinantes importantes da eficiência. O estudo concluiu que as parcelas com títulos de terra têm um nível de eficiência mais elevado. Outros factores, como o nível de educação do chefe, o acesso a fertilizantes e a participação em grupos, também influenciam significativamente a eficiência técnica.

Weir (1999) investigou os efeitos da educação na produtividade dos agricultores de culturas cerealíferas nas zonas rurais da Etiópia, utilizando funções de produção médias e estocásticas. Este estudo encontrou benefícios internos substanciais da escolaridade para a produtividade dos agricultores em termos de ganhos de eficiência, mas encontrou um efeito de limiar que implica que são necessários pelo menos quatro anos de escolaridade para produzir efeitos significativos na eficiência técnica a nível das explorações agrícolas. Utilizando diferentes especificações, as eficiências técnicas médias variaram entre 0,44 e 0,56, e o aumento da escolaridade de zero para quatro anos no agregado familiar conduz a um aumento de 15% na eficiência técnica. Além disso, o estudo encontrou provas de que a escolaridade média nas aldeias (benefícios externos da escolaridade) melhora a eficiência técnica. Weir e Knight (2000) analisaram o impacto das externalidades da educação na produção e na eficiência técnica dos agricultores da Etiópia rural e encontraram provas de que a fonte das externalidades da escolaridade está na adoção e difusão de inovações que deslocam a fronteira de produção. A eficiência técnica média dos agricultores de cereais era de 0,55 e um aumento unitário dos anos de escolaridade aumentava a eficiência técnica em 2,1 pontos percentuais. No entanto, uma limitação dos estudos de Wier (1999) e Wier e Knight (2000) é o facto de apenas terem investigado os níveis de escolaridade como única fonte de eficiência técnica.

Abdulai e Eberlin (2001) salientaram que o nível de escolaridade representava capital humano, o acesso ao crédito formal e a experiência agrícola contribuem positivamente para a eficiência da produção, ao passo que a participação dos agricultores em empregos fora da exploração tende a reduzir a produção. Sherlund *et al* (2002) também observaram que variáveis como a dimensão da exploração, a experiência de cultivo, o género, a idade e a pluviosidade também afectam a eficiência técnica dos agricultores.

Estudos empíricos como os de Owour e Shem (2009) mostraram uma relação negativa entre a educação e a eficiência técnica dos agricultores. Este facto é bastante contra-intuitivo, uma vez que se espera que o capital humano produza impactos positivos. A educação melhora as competências técnicas e de gestão dos agricultores. De acordo com Battese e Coelli (1995), a educação aumenta a capacidade dos agricultores para utilizarem as tecnologias existentes e atingirem níveis de eficiência mais elevados. No entanto, Owour e Shem (2009) indicaram que o nível educacional está negativamente correlacionado com a eficiência técnica dos agricultores. Uma possível razão para esta observação é que as competências técnicas nas actividades agrícolas, especialmente nos países em desenvolvimento, são mais influenciadas pela formação "prática" em métodos agrícolas modernos do que apenas pela escolaridade formal. Outra escola de pensamento considera que a ineficiência técnica tende a aumentar após 5 anos de escolaridade. Isto pode provavelmente ser explicado pelo facto de o ensino superior diminuir o desejo de praticar a agricultura e, por conseguinte, o agricultor concentrar-se provavelmente num emprego assalariado (Kibaara, 2005). Em última análise, isto reduz a disponibilidade de mão de obra para a produção agrícola, diminuindo assim a eficiência. No entanto, pode argumentar-se que o acesso a uma melhor educação permite aos agricultores gerir os recursos de modo a manter o ambiente e produzir a níveis óptimos.

A idade do agricultor, que se acredita poder servir de indicador da experiência agrícola, também influencia a eficiência. Tal acontece porque a experiência agrícola aumenta com o aumento da idade. Coelli (1996b) salientou que a idade do agricultor pode ter um efeito positivo (Esmaeili & Ebrahimi, 2006) ou negativo na dimensão dos efeitos da ineficiência. Conclui que os agricultores mais velhos devem ter mais experiência agrícola e, por conseguinte, menos ineficiência. É igualmente possível que os agricultores mais velhos sejam mais tradicionais e conservadores e, por conseguinte, mostrem menos vontade de adotar novas práticas. Outra escola de pensamento sugere também que os agricultores mais velhos teriam menos energia para trabalhar na exploração agrícola. Por conseguinte, este facto diminuirá a eficiência técnica (Battese & Coelli, 1996).

A propriedade da terra também influencia a eficiência dos agricultores (Helfand & Levine, 2004, Giannakas *et al*, 2001; Reddy, 2002; Coelli *et al*, 2002). Os resultados empíricos sobre a ineficácia da propriedade fundiária são contraditórios. Uma relação positiva é consistente com a hipótese de que anos mais longos de arrendamento motivam os agricultores a trabalhar mais para cumprir as suas obrigações contratuais (Helfand & Levine, 2004; Coelli *et al*, 2002). Uma relação negativa, por outro lado, está ligada à teoria da agência, reflectindo problemas de monitorização e incentivos adversos entre as partes envolvidas na diminuição do desempenho empresarial (Giannakas *et al*, 2001; Reddy, 2002; Badiru, 2010; Dilon & Hardaker, 1980).

A dimensão do agregado familiar dos agricultores é outro fator que influencia a eficiência dos agricultores. Abdulai e Eberlin (2001) salientaram que, embora a grande dimensão do agregado familiar exerça uma pressão suplementar sobre o rendimento agrícola para a alimentação e o vestuário, por vezes assegura a disponibilidade de mão de obra familiar suficiente para que as actividades agrícolas sejam realizadas a tempo. O oposto a isto é que os agricultores com mão de obra excedentária são susceptíveis de utilizar o resto da mão de obra familiar e, por conseguinte, operam de forma ineficaz ou os agricultores com uma maior dimensão do agregado familiar teriam de afetar mais recursos financeiros à saúde, à educação, etc., para os membros do agregado familiar, afectando assim a produção (Nchare, 2007).

No que respeita ao impacto do trabalho fora da exploração agrícola na eficiência técnica, a literatura apresenta resultados contraditórios. Alguns argumentam que a oferta de trabalho fora da exploração reduz a eficiência da agricultura (Abdulai & Huffman, 2000). Outros defendem que o rendimento adicional gerado por outros membros do agregado familiar que se dedicam ao trabalho fora da exploração pode mais do que compensar os constrangimentos causados pela reduzida disponibilidade de mão de obra agrícola. Foi relatado um impacto positivo do trabalho fora da exploração agrícola na eficiência técnica (Tesfay, Ruben, Pender, & Kuyvenhoven, 2007). Também se pode colocar a hipótese de que o input de gestão pode ser retirado das actividades agrícolas com o aumento da participação dos instruídos no trabalho fora da exploração agrícola, o que leva a uma menor eficiência. Verificou-se uma maior ineficiência da produção com o envolvimento das famílias de agricultores em actividades não agrícolas (Abdulai & Eberlin, 2001). Em qualquer caso, o efeito do trabalho não agrícola na eficiência da produção pode não ser determinado de antemão.

Outro fator importante que afecta a eficiência é o acesso aos serviços de extensão. O contacto regular do agricultor com os extensionistas facilita a utilização prática de tecnologias modernas e a adoção de normas agronómicas de produção. Uma análise do impacto dos serviços de extensão na produção agrícola no Zimbabué revelou que o acesso dos agricultores aos serviços de extensão aumenta o valor da produção em 15% (Owens, Hoddinott, & Kinsey, 2001). Outros trabalhos mostraram resultados opostos. O estudo de Alemu, Nuppenu e Boland (como citado em Addai, 2011) revelou que nem as visitas de extensão nem as visitas e formações podiam provocar reduções significativas nos níveis de ineficiência.

Isto pode ser devido ao facto de que os agentes de desenvolvimento permanecem na periferia, nunca chegando ao agricultor e que os pacotes de formação podem não se adequar aos contextos agro-ecológicos. Mais uma vez, o que está em causa não são os serviços de extensão em termos de visitas, mas a adequação da mensagem da extensão ou da formação.

A experiência agrícola é recolhida a partir do ato de produção agrícola - isto é, a acumulação consciente de saber-fazer a partir das práticas agrícolas. Verificou-se que a experiência no cultivo de variedades modernas de arroz é bem remunerada (Rahman, 2003). Ou seja, os agricultores com mais de três anos de experiência no cultivo de variedades modernas de arroz obtiveram lucros significativamente mais elevados, registaram menos perdas e operam com um nível significativamente mais elevado de eficiência de lucro.

O género do agricultor também influencia a eficiência técnica. Kibaara (2005) observou que os agricultores do sexo masculino diminuem a ineficiência técnica. Isto pode provavelmente ser explicado pelo facto de os homens terem maior acesso ao crédito, provavelmente devido a preconceitos culturais e, por isso, os homens estão mais próximos da fronteira. Além disso, os homens têm mais probabilidades de frequentar seminários de formação em extensão agrícola (Kibaara, 2005). A FAO calcula que, no conjunto da África Subsariana, 31% dos agregados familiares rurais são chefiados por mulheres, principalmente devido à tendência dos homens para migrarem para as cidades em busca de trabalho assalariado. Apesar deste papel substancial, as mulheres têm menos acesso à terra do que os homens. Quando as mulheres possuem terras, estas tendem a ser mais pequenas e situadas em zonas marginais. As mulheres rurais também têm menos acesso ao crédito do que os homens, o que limita a sua capacidade de comprar sementes, fertilizantes e outros factores de produção necessários para adotar novas técnicas agrícolas (FAO, 2002). O estudo da situação no Haiti teve um resultado contrastante: o facto de ser um agricultor do sexo masculino aumenta a ineficiência técnica (Dolisca & Jolly, 2008). Isto pode ser explicado pelo facto de, após a preparação da terra, as mulheres realizarem normalmente as restantes actividades envolvidas no processo de produção na exploração agrícola, o que é mais evidente em África. As estimativas diferenciadas por género da eficiência técnica ao nível da exploração agrícola para os agricultores masculinos e femininos na área do Governo local de Essien Udim na Nigéria foram de 93% e 98%, respetivamente (Simonyan, Umoren, & Okoye, 2011). Os resultados indicaram ainda que a função de produção estimada revelou que a dimensão da exploração agrícola a 1 por cento e a quantidade de fertilizante a 1 por cento influenciaram significativamente a função de produção de milho para os agricultores do sexo masculino, enquanto a dimensão da exploração agrícola a 1 por cento, a mão de obra a 5 por cento, as sementes de milho a 10 por cento e a quantidade de fertilizante a 10 por cento influenciaram significativamente a das agricultoras. A dimensão do agregado familiar, os contactos com a extensão, o estado civil, o nível de educação e o acesso ao crédito estão positiva e significativamente relacionados com a eficiência técnica dos agricultores do sexo masculino, enquanto a idade, a filiação em cooperativas e a dimensão da exploração estão negativa mas significativamente relacionados com a sua eficiência técnica. Para as mulheres agricultoras, a dimensão do agregado familiar, o acesso ao crédito e a dimensão da exploração foram positivamente significativos, enquanto a idade e o nível de instrução foram negativos, mas significativamente relacionados com a sua eficiência técnica.

A precipitação, sendo uma variável ambiental, também influencia a eficiência técnica. Um estudo concluiu que a precipitação aumenta a eficiência, pois melhora a capacidade do solo e permite-lhe utilizar eficazmente os fertilizantes e outros factores de produção (Tchale & Suaer, 2007). O estudo também indica que uma maior variação no índice de necessidades hídricas reduz a eficiência da produção, especialmente nas sementes de milho híbrido, que é muito suscetível à intensidade e à distribuição intra-sazonal da chuva. Por outro lado, a precipitação excessiva pode causar inundações e diminuir a eficiência.

O acesso ao crédito melhora a liquidez e aumenta a utilização dos factores de produção agrícola na produção, como se afirma frequentemente na teoria do desenvolvimento (Nchare, 2007). O acesso ao crédito também é apontado como tendo uma influência negativa na ineficiência. Nchare explicou que, de facto, reduz as dificuldades financeiras que os agricultores enfrentam no início do ano agrícola, permitindo-lhes assim comprar insumos.

Há mais de uma década, foi efectuada uma investigação sobre o impacto da migração laboral no desempenho da eficiência técnica das explorações agrícolas na economia rural do Lesoto (Mochobelele & Winter-Nelson, 2000). Utilizando a função de produção estocástica (translog e Cobb-Douglas), o estudo concluiu que os agregados familiares que enviam mão de obra migrante para as minas sul-africanas são mais eficientes do que os agregados familiares que não enviam mão de obra migrante, com ineficiências médias de 0,36 e 0,24, respetivamente. Além disso, não houve evidência estatística de que a dimensão da exploração agrícola ou o género do chefe do agregado familiar afecte a eficiência dos agricultores. Mochebelele e Winter-Nelson concluíram que as remessas facilitam a produção agrícola, em vez de a substituírem. Este estudo não teve em conta as muitas outras características dos agregados familiares que podem afetar a eficiência técnica, tais como a educação, a experiência dos agricultores, o acesso a facilidades de crédito (capital) e serviços de aconselhamento, e a medida em que os agregados familiares que exportam mão de obra recebem remessas. A interpretação dos autores de que são as remessas que explicam as diferenças de eficiência técnica baseou-se na presunção de que os trabalhadores migrantes remetem para as suas famílias exportadoras, e não numa medida da extensão das remessas.

A eficiência técnica média dos produtores de milho em três zonas agro-ecológicas no Gana, encontrada num estudo, é de 64,1% (Addai, 2011). O estudo também mostrou que a eficiência técnica média dos produtores de milho nas zonas de floresta, transição e savana é de 79,9%, 60,5% e 52,3%, respetivamente, e revelou que a extensão, a monocultura, o género, a idade, a propriedade da terra e o acesso ao crédito influenciaram positivamente a eficiência técnica.

A eficiência dos lucros varia muito entre os produtores de milho no Estado de Oyo, na Nigéria (Ogunniyi, 2011). A eficiência dos lucros varia entre 1% e 99%, com uma média de 41%. O nível médio de eficiência indica que existe espaço para aumentar o lucro através da melhoria da eficiência técnica e alocativa. Entre os factores que tiveram impactos significativos na eficiência dos lucros contam-se a educação, a experiência, as visitas de extensão e o emprego não agrícola.

Uma investigação sobre as fontes de eficiência técnica entre os produtores de milho em pequena escala em Uyo, na Nigéria (Etim & Okon, 2013) revelou uma eficiência técnica média de 0,71. Os resultados revelaram ainda que a terra, a mão de obra, os fertilizantes inorgânicos e os materiais de plantação têm um impacto positivo e significativo na eficiência técnica. Outras variáveis que foram identificadas como fontes de eficiência técnica e que têm impacto na eficiência técnica incluem a idade, a assistência técnica, o crédito e o mercado.

Uma análise da fronteira de custos translog estocástica dos produtores de milho do Quénia e do Uganda mostrou que muitos agricultores da amostra eram ineficientes em termos de custos. O índice de eficiência de custos varia entre 1,12 e 6,71, com uma média de 1,95, o que implica que o produtor médio de milho tem custos 95% superiores à fronteira de custos mínimos. A maioria dos agregados familiares do Uganda atinge níveis de eficiência superiores à média, enquanto os agregados familiares do Quénia dominam a categoria de agricultores mais ineficientes. As principais fontes de ineficiência de custos são a plantação tardia e a utilização de sementes recicladas. Há também provas de que os agricultores de grande escala são relativamente menos eficientes (Kirimi & Swinton, 2004).

**Literatura empírica sobre os constrangimentos associados à produção de culturas alimentares**

Faruq (2008) revelou que o "preço elevado das sementes" ocupava o primeiro lugar entre os problemas identificados pelos produtores de milho na região norte do Bangladesh. Devido à instabilidade do preço elevado das sementes, os agricultores classificaram este problema em primeiro lugar. O "baixo preço dos cereais" ocupou o segundo lugar na ordem dos constrangimentos enfrentados pelos produtores de milho da região. A 'indisponibilidade de fertilizantes no momento em que são necessários' foi classificada em terceiro lugar para todos os agricultores da amostra, mas o cenário é bastante diferente para uma secção de agricultores, onde a 'falta de conhecimentos técnicos' foi classificada como o terceiro obstáculo.

Govinda *et al* (1997) identificaram as instalações de armazenamento e as unidades de pré-arrefecimento como os principais condicionalismos enfrentados pelos produtores de manga na região de Srinivaspur, em Karnatakawhat. Hiremmath (1993); Guledagudda, Visweshwar e Olekar (2002) e Bala (2006) também consideraram que a falta de instalações de armazenagem constituía um obstáculo à produção de manga, banana e maçã.

Num estudo sobre a produção de milho na Índia, Joshi *et al* (2005) descobriram que as principais restrições bióticas de produção eram *Echinocloa, Cynodon dactylon*, ratos e térmitas, que reduziram os níveis de produção de milho em mais de 50%. Outros stresses abióticos e bióticos importantes listados por ordem decrescente de importância foram: lagartas, stress hídrico, brocas do caule, gorgulhos, deficiência de zinco, ferrugem, praga da semente/semente, lagarta e praga da folha. A indisponibilidade de sementes melhoradas, mercados de insumos inadequados, disseminação ineficaz de tecnologia e falta de ação colectiva foram os principais constrangimentos socioeconómicos.

Odendo, De Groote e Odongo (2001) apresentaram os principais constrangimentos à cultura do milho no Quénia. A priorização dos constrangimentos baseou-se no número de agregados familiares afectados, na gravidade do constrangimento, na importância do constrangimento para a realização dos objectivos do agregado familiar, na frequência de ocorrência do constrangimento e na probabilidade de uma solução ser fornecida pela equipa de investigação. Os constrangimentos mais importantes que os agricultores enfrentam no cultivo do milho incluem a falta de ferramentas agrícolas, a baixa fertilidade do solo, a falta de recursos financeiros para comprar insumos e os preços elevados dos insumos (especialmente fertilizantes e sementes) e o baixo conhecimento técnico. Outros são as pragas e doenças, os caprichos do clima, a indisponibilidade de factores de produção, a falta de acesso a facilidades de crédito e a serviços de extensão agrícola, e a fraca comercialização dos factores de produção e dos produtos.

Ao analisar os constrangimentos dos produtores de milho em três zonas ecológicas no Gana, Addai (2011) descobriu que o problema mais premente enfrentado pelos produtores de milho difere nas diferentes zonas agro-ecológicas. O Coeficiente de Concordância de Kendall (W) indica que houve 58,2%, 48,2% e 68% de concordância entre as classificações dos produtores de milho na floresta, transição e savana, respetivamente, e estas são significativas a um por cento. Os baixos níveis de concordância podem dever-se à natureza heterogénea dos agricultores. O preço elevado dos factores de produção é o problema mais premente na zona florestal, com uma classificação média de 3,02. Na zona de transição, o capital inadequado constitui o problema mais bem classificado, com uma classificação média de 3,90. A irregularidade da precipitação é também classificada como o problema mais importante na zona da savana pelos produtores de milho.

Os constrangimentos identificados que militam contra a produção de milho no estado de Adamawa na Nigéria por Zalkuwi *et al* (2010) foram que 69% dos agricultores foram confrontados com o problema de crédito inadequado, 50% dos agricultores não puderam usar sementes híbridas devido à falta de fundos ou não tiveram acesso a elas, 51% não puderam pagar instalações de irrigação para complementar a chuva em tempo de seca ou durante a estação seca. A forma do terreno constrangeu 46% dos agricultores, o que causa inundações e alagamentos, dando espaço à água para causar danos às culturas, 41% dos agricultores enfrentam o problema de pragas e doenças que causam danos às culturas, 22% dos inquiridos enfrentam o problema de terras agrícolas inadequadas, o que se deve ao problema do sistema de posse da terra praticado na área de estudo. Além disso, apenas 21% dos agricultores têm contacto com agentes de extensão, e fazem-no ocasionalmente. Além disso, Obeng (2008) observou que o crédito para a produção agrícola era limitado no seu estudo sobre os produtores de ananás na região oriental do Gana. Também More (1999), Kameswara (2000) e Guledagudda *et al* (2002) identificaram o crédito como um constrangimento no seu estudo sobre a produção de bananas.

**Resumo das principais lições aprendidas**

Muitos estudos utilizaram a técnica da fronteira de custos estocástica para determinar a eficiência da utilização dos recursos na produção agrícola. Na literatura, a maioria dos estudos sobre a eficiência utilizou o modelo de produção ou de função de custos da fronteira Cobb-Douglas. As técnicas da máxima verosimilhança e dos mínimos quadrados ordinários corrigidos são amplamente utilizadas para estimar a eficiência e a ineficiência dos custos. Outros estudos adoptaram a abordagem da análise marginal da utilização dos factores de produção para estimar a eficiência da afetação. Os resultados de vários estudos empíricos mostram que a maioria das empresas produz abaixo da fronteira e que a produção pode ser aumentada com custos mínimos.

Verificou-se que as variáveis determinantes da ineficiência, tais como a idade do agricultor, o seu nível de educação, a sua experiência, o acesso ao crédito e à formação, influenciam a eficiência com que os factores de produção são convertidos em resultados.

A falta de instrumentos agrícolas, a baixa fertilidade dos solos, a falta de recursos financeiros para a compra de factores de produção e os preços elevados dos factores de produção (especialmente fertilizantes e sementes), bem como os baixos conhecimentos técnicos, condicionam a produção de milho em muitos locais do mundo. Outros constrangimentos são: pragas e doenças, variações climáticas, falta de acesso a facilidades de crédito e a serviços de extensão agrícola e má comercialização dos factores de produção e dos produtos.

# CAPÍTULO 3

## METODOLOGIA

### Introdução

Este capítulo apresenta os métodos e procedimentos aplicados para atingir os objectivos específicos. É apresentado o quadro teórico subjacente à eficiência técnica, à utilização de recursos e a outras variáveis relevantes. As discussões do capítulo abrangem a área de estudo, as fontes e os métodos de recolha de dados, a seleção da amostra e a análise dos dados.

### Área de estudo

A Região Central do Gana é a área de estudo para este trabalho de investigação. A região cobre uma área terrestre de 9830 quilómetros quadrados, com uma linha costeira de 168 km na sua parte sul e uma população rural de 1,32 milhões de pessoas, que constituem 62,5% da sua população total. De acordo com o recenseamento da população e da habitação de 2010, 371.703 pessoas (55,4%) da força de trabalho da região dedicam-se à agricultura, pelo que são potenciais produtores de milho. A região tem dezassete distritos. Estes são: Komenda-Edina-Eguafo-Abirem, Cape Coast, Abura-Asebu-Kwamankese, Mfantsiman, Ajumako-Enyan-Essiam, Gomoa East, Gomoa West, Effutu, Awutu-Senya e Agona East. As outras são: Agona West, Asikuma-Odoben-Brakwa, Assin-North, Assin-South, Twifo- Hemang-Lower Denkyira, Upper Denkyira East e Upper Denkyira West (Coastal Network Consortium, 2011).

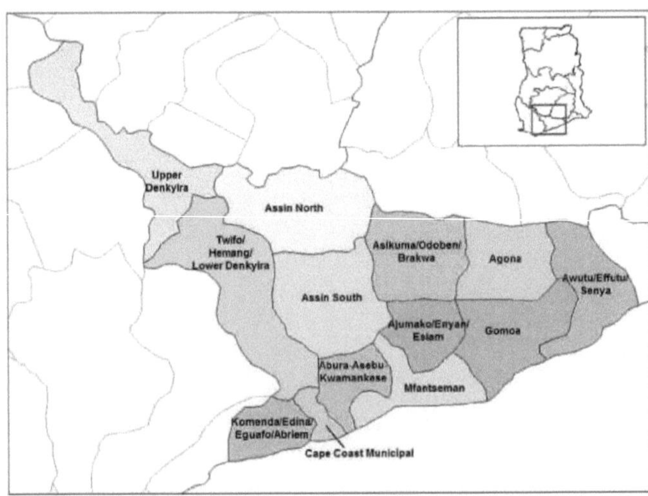


Figura 3: Mapa da região central do Gana

Fonte: Rarelibra (s.d.)

Três distritos da região foram seleccionados para este estudo. São eles: o distrito de Gomoa Leste, o distrito de Gomoa Oeste e o distrito de Assin Sul.

O distrito de Gomoa East está localizado na parte sudeste da Região Central e situado entre as latitudes 5014' Norte e 5035' Norte e as longitudes 0022 Oeste e 0054' Oeste. O distrito tem uma localização única entre outros distritos, fazendo fronteira a nordeste com o distrito de Agona East, a sudoeste com Gomoa West, a leste com o distrito de Awutu-Senya e a sul com o município de Efutu, enquanto o Oceano Atlântico se encontra na parte sudeste do distrito. O distrito cobre uma área de 449,63 quilómetros quadrados. O distrito regista duas estações de chuva. A estação chuvosa principal é de março, abril - junho/julho, enquanto a estação menor é de setembro - novembro. A principal estação seca vai de novembro a março e a menor de meados de julho a meados de agosto. A precipitação é geralmente baixa ao longo da costa e aumenta gradualmente para norte. A precipitação é altamente variável, com o total anual a variar de ano para ano e mesmo os totais mensais também variam anualmente. No entanto, este padrão está a mudar, com a estação chuvosa principal a começar mais tarde e, por conseguinte, a reduzir a sua duração. A precipitação média anual varia atualmente entre 700 mm e 900 mm na faixa costeira do sul e entre 900 mm e 1100 mm nas zonas de floresta semidecídua do noroeste. O relevo é muito ondulado com algumas colinas. Geralmente, eleva-se suavemente do sul costeiro para o norte, com colinas isoladas, planalto dissecado por florestas no norte e planícies costeiras no sul, com as colinas de Yenku a formarem uma ampla crista com uma altura máxima de 215m. O sistema de drenagem do distrito é constituído por alguns rios e numerosos ribeiros. Os principais são os rios Ayensu e Brushing, que desaguam no mar perto da lagoa Oyibi, perto de Winneba, e da lagoa Apaa, em Apam. Alguns dos cursos de água existentes no distrito incluem o Nyanya perto de Nyanyano, o Pompon perto de Fetteh e o Pretu. O distrito tem duas zonas vegetacionais principais - a savana costeira seca e a floresta húmida semi-decídua. A savana costeira, que consiste em prados com manchas dispersas de matagais, estende-se de Fetteh, na parte sudeste do distrito, até Langma (Dampase), na extremidade oriental que faz fronteira com o distrito de Ga South. A floresta húmida semi-decídua encontra-se principalmente na parte norte do distrito à volta das áreas de Afransi, Amoanda e Lome. No extremo norte e noroeste, perto de Gomoa Eshiem e Gomoa Takyiman, partes da vegetação têm a aparência de uma floresta tropical húmida. Quatro solos principais estão presentes no distrito, nomeadamente: os ochrosols florestais e intergrades de oxysols, terra preta tropical e lithosols florestais. As modalidades de posse de terra no distrito incluem o arrendamento, a compra direta e a herança de terras familiares. Os principais métodos de armazenamento de produtos agrícolas são em berços, bancadas de cozinha e armazéns, não havendo instalações de armazenamento a granel para culturas alimentares. A MiDA criou uma casa de embalagem em Buduatta, ao longo da estrada Winneba Accra, para ajudar os agricultores a fornecer frutas e legumes de qualidade para o mercado de exportação. Em 2008 e 2009, o distrito tinha sete (7) Agentes de Extensão Agrícola (AEAs) com um rácio agricultor-agente de extensão agrícola de 1:1.725, o que é bastante elevado em comparação com o valor nacional de 1:1.500 em 2009. As principais culturas produzidas no distrito incluem o milho, mandioca, banana, ananás, inhame e pimenta. As principais comunidades do distrito são: Budumburam, Nyanyano, Gomoa Dominase, Gomoa Potsin, Akotsi, Ojobi, Gomoa Amoanda, Kweikrom, Fawomanye, Gomoa Fetteh e Brofoyedur. As outras são: Ekroful, Okyereko, Nsuem, Adzentem, Esiwukwa, Milani, Akramang, Awombrew, Kobina Andoh, Abasa, Manso, Ekwamkrom, Buduatta, Obuase, Gyaman, Pomadze, Asebu e Dampase (Ministério da Administração Local e do Desenvolvimento Rural, 2006).

O distrito de Gomoa West situa-se entre as latitudes 5014' Norte e 5035' Norte e as longitudes 0022' Oeste e 0054' Oeste, na parte oriental da Região Central do Gana. É limitado a norte pelo município de Agona West, a nordeste pelo município de Effutu, a oeste e noroeste pelos distritos de Mfantseman e Ajumako-Enyan-Essiam, respetivamente, e a sul pelo Oceano Atlântico. O distrito cobre uma área de 1.022,0 km2 e apresenta dois padrões de precipitação - a estação das chuvas principais (abril - julho) e a estação das chuvas secundárias (setembro - novembro). Tal como a maioria dos distritos da região, as estações secas maior e menor são dezembro - março e agosto, respetivamente. A precipitação média anual varia entre 700 mm e 1100 mm. As temperaturas médias anuais máximas e mínimas de 29º C e 26º C ocorrem em fevereiro a março e agosto, respetivamente. A humidade relativa do ar é influenciada pela presença de grandes massas de água como o oceano, rios, lagoas e riachos. A humidade relativa varia entre 70% e 80% nos sectores norte e sul do distrito, respetivamente. O distrito tem dois sistemas de ventos - a monção do sudoeste, cuja direção influencia o padrão de precipitação, e os ventos secos de Harmattan (ventos alísios do nordeste). As principais comunidades do distrito são: Apam, Mumford, Dago, Dawurampong, Assin, Ankamu e Eshiem (Ministério do Governo Local e Desenvolvimento Rural, 2006).

O distrito de Assin South cobre uma área total de 1.187 quilómetros quadrados. O distrito insere-se nas zonas de floresta perene e semidecídua. A temperatura média anual varia entre $30^0$ C, ou seja, de março-abril e cerca de $20^0$ C em agosto. A precipitação média anual situa-se entre 1500 mm e 2000 mm, enquanto a humidade relativa média varia entre 60% e 70%. O distrito tem um padrão de precipitação bi-modal, dando assim origem a estações de precipitação maior (abril - julho) e menor (setembro - novembro). Existem Trinta e Duas (32) Áreas Operacionais (Áreas Op.) no distrito. Contudo, devido à insuficiência de Agentes de Extensão Agrária (AEAs) juntamente com alguns funcionários de campo em licença de estudo, as Áreas Operacionais são geridas por Doze (12) AEAs o que eleva a relação Agente de Extensão Agrária: agricultor para 1: 3047 (com base na população ativa projectada para 2010 de 36564 de 2000 PHC a uma taxa de crescimento de 2.5% por ano). As principais cidades do distrito são: Assin Adiembra, Assin Adubiase, Assin Dominase, Estação de Wurakese, Assin

Kumasi, Gyahadzi, Nyankumasi Ahenkro, Nuanua, Assin Nsuta, Nkwantanan, AssinNkran e Adadientem (MoFA, 2013).

**Conceção**

Foi adotado para o estudo um modelo de investigação descritivo-correlacional, com características quantitativas e qualitativas. O desenho foi considerado apropriado, uma vez que envolve a descrição do estado da produção de milho em termos das características sociodemográficas dos actores. Além disso, tal como referido por Saunders, Lewis e Thornhill (2007), a estratégia de inquérito é considerada como sendo de autoridade pelas pessoas em geral e é comparativamente fácil de explicar e de compreender. Os inquéritos são simples e flexíveis e adequados para avaliar um programa ou projeto que tenha sido implementado.

A conceção do estudo correlacional foi utilizada porque o estudo procurava identificar relações entre conjuntos de variáveis (dependentes e independentes). A flexibilidade do desenho, juntamente com a combinação de abordagens qualitativas e quantitativas, facilitou a recolha atempada dos dados necessários. Tanto os tipos de investigação quantitativa como qualitativa têm os seus pontos fortes e fracos. De acordo com Jick (1979), os métodos qualitativos e quantitativos podem ser considerados como complementos uns dos outros. Esta abordagem qualitativa, embora dispendiosa e demorada, pode controlar tanto os pontos finais como o ritmo do processo de investigação, evitando ao mesmo tempo problemas relacionados com o rigor e a objetividade (Yates, 2004). Além disso, a abordagem qualitativa é útil para dar explicações ricas de fenómenos complexos e criar teorias evolutivas ou bases conceptuais, bem como para propor hipóteses para clarificar os fenómenos. A principal desvantagem desta abordagem é o facto de um pequeno grupo de indivíduos entrevistados não poder ser considerado representativo.

A abordagem quantitativa é vantajosa devido à facilidade e rapidez com que a investigação é efectuada e também à sua ampla cobertura de uma série de situações (Amarantunga, Baldry, Sarshar, & Newton, 2002). A utilização do método quantitativo na análise de dados com métodos estatísticos facilita a generalização e os resultados finais baseiam-se em quantidades reais e não em interpretações, o que pode simplificar o potencial desenvolvimento futuro e as comparações com o trabalho. Esta abordagem não tende a ser inflexível, artificial e ineficaz na aferição do significado que as pessoas atribuem às acções, sendo útil na geração de teorias (Crotty, 1998).

**População**

Os produtores de milho da Região Centro constituíram a população do estudo. O número de agregados familiares agrícolas na região é de 270 854 (GSS, 2012). Deste número, 254.987 agregados familiares são agricultores e constituem potencialmente as unidades de decisão de produção de milho na região. Os produtores de milho dos distritos de Gomoa East, Gomoa West e Assin South da Região Central foram envolvidos no estudo. Os três distritos albergam um total de 108.813 agregados familiares (GSS, 2012).

**Amostragem e técnica de amostragem**

Foi adotado um processo de amostragem em várias fases. Este procedimento foi escolhido por ser mais fácil de administrar do que a maior parte das concepções de fase única, principalmente devido ao facto de a base de amostragem em amostragem em várias fases ser desenvolvida em unidades parciais. Além disso, é possível amostrar um grande número de unidades por um determinado custo no âmbito da amostragem em estádios múltiplos devido ao agrupamento sequencial, o que não é possível na maioria das concepções simples (Kothari, 2004). A seleção da dimensão da amostra foi efectuada nas fases seguintes:

**Fase I: Seleção aleatória de três distritos na Região Central.** O milho é produzido em todos os dezassete distritos da região, pelo que os distritos de Gomoa West, Gomoa East e Assin South foram seleccionados aleatoriamente para o estudo através do método de sorteio.

**Fase II: Seleção aleatória das comunidades agrícolas nos distritos.** Com a ajuda dos agentes de extensão agrícola nos distritos, as comunidades agrícolas foram seleccionadas aleatoriamente por sorteio para o estudo. As comunidades seleccionadas formavam grupos de produtores de milho. Isto foi necessário para reduzir o custo e o tempo de entrevistar participantes dispersos numa vasta área geográfica. Também foi feito para limitar a probabilidade de a maioria dos participantes ser selecionada da mesma comunidade agrícola.

**Fase III: Amostragem aleatória dos agricultores inquiridos nas comunidades agrícolas.** Cada comunidade selecionada foi dividida em zonas e os agricultores foram seleccionados de cada zona. Os agricultores foram entrevistados com base em quem estava disponível numa determinada zona na altura em que o entrevistador se deslocou à zona da comunidade, a horas em que se esperava que os agricultores estivessem em casa.

**Dimensão da amostra.** Foi escolhida uma amostra de 1O1 produtores de milho de cada distrito participante, de modo a obter um total de 3O3 produtores de milho seleccionados aleatoriamente. Esta seleção baseou-se na tabela de determinação da dimensão da amostra de Bartlett, Kotrlik e Higgins (2OO1) para obter dados destinados à análise de regressão. Neste procedimento, o nível alfa pretendido e a natureza dos dados (contínuos ou categóricos) são necessários para a determinação da dimensão da amostra. Este procedimento é particularmente útil para populações que se pensa serem superiores a dez mil, mas cuja dimensão não é exatamente conhecida. Os dados deste estudo são maioritariamente contínuos e foi selecionado um nível alfa de O.O5. A partir da tabela (apresentada no apêndice D), é necessário um tamanho mínimo de amostra de 209 para atingir o nível alfa pretendido. No entanto, uma vez que o número de produtores de milho em cada distrito selecionado não era conhecido com exatidão, foi selecionado um número igual de 101 participantes para obter um total de 303, um número que está acima dos 209 necessários. Isto foi necessário para ter em conta a possível remoção de valores anómalos pelo software utilizado para a análise.

## Instrumentação

Foi utilizado um guia de entrevista estruturado para a recolha de dados dos participantes. Os níveis de educação formal dos agricultores eram incertos, daí a utilização deste instrumento específico para permitir aos entrevistadores ajudar os inquiridos na interpretação das perguntas. O instrumento era composto por três partes, nomeadamente:

Part I:  Características do agricultor e da exploração agrícola;

Part II:  Informações de entrada e saída; e

Part III:  Constrangimentos à produção de milho.

O pré-teste do instrumento foi efectuado no distrito de Agona East, na área de estudo. Foi efectuado um total de dez entrevistas estruturadas e, com base nas respostas, procedeu-se à validação do conteúdo do instrumento com a ajuda de um perito. O instrumento foi então reestruturado para resolver os problemas encontrados no exercício de pré-teste.

## Recolha de dados

O método de entrevista estruturada foi utilizado para recolher dados primários da amostra selecionada através da utilização de guias de entrevista estruturados e com a ajuda de agentes de extensão agrícola (AEAs) nas comunidades seleccionadas.

Foram recolhidos dados relativos à campanha agrícola de 2012 sobre as variáveis definidas na subsecção seguinte.

## Definição das variáveis de saída e de entrada

**Produção (Y):** Quantidade de grãos de milho colhidos, medida em quilogramas, durante a grande campanha agrícola de 2012.

**Terra (Lan):** Área total plantada com milho em hectares. Esta variável foi utilizada para investigar a influência da dimensão da exploração agrícola (terra) na produção.

**Mão de obra (Lab):** Número total de mão de obra familiar e contratada empregue na produção de milho, medido em pessoas-dia. Oito horas-homem equivalem a uma pessoa-dia.

**Equipamentos (Equ):** Custo dos artigos (cutelo, pulverizador, enxada, trator, saco, etc.) que estão diretamente envolvidos no processo de produção, medido em cedi do Gana.

**Fertilizante (Fer):** Quantidade de nutriente vegetal formulado comercialmente utilizado por hectare de terra, medido em quilograma, durante a estação principal de cultivo de 2012.

**Semente (Ver):** Quantidade total de sementes de milho semeadas, medida em quilogramas. A quantidade de sementes por hectare determina a população de plantas que tem influência no rendimento. Esta variável foi calculada como média da área cultivada.

**Definição de variáveis específicas do agricultor e da exploração agrícola**

**Extensão:** número de vezes que um agricultor teve acesso a serviços de extensão durante a época de produção.

**Idade:** Idade do decisor principal, medida em anos.

**Género:** Medido como uma variável dummy e tem o valor de 1, se o agricultor for do sexo masculino, e 0, se for do sexo feminino.

**Dimensão do agregado familiar:** Número de pessoas no agregado familiar do agricultor.

**Experiência:** Número de anos dedicados à cultura do milho.

**Acesso ao crédito:** medido como uma variável fictícia. 1 representa uma resposta afirmativa e 0 uma resposta negativa.

**Expectativas *a priori* e descrição dos sinais esperados**

A terra, a mão de obra, o equipamento, o fertilizante e o material de plantação são as principais variáveis que afectam a eficiência técnica e de custos da produção de milho. Espera-se que todas elas tenham sinais positivos. Para testar a hipótese de que os produtores de milho são eficientes em termos de custos, as quantidades e os respectivos preços destas variáveis são de interesse primordial. Também se espera que, através da economia de escala, a quantidade de terra tenha um efeito positivo na produção de milho. Espera-se que o aumento da produtividade do trabalho tenha um coeficiente positivo na produção de milho. Prevê-se que o custo dos equipamentos aumente com o aumento das operações mecanizadas. No entanto, espera-se que os níveis de produção aumentem com o trabalho extra e o tempo poupado para outras actividades económicas ou de lazer. Por conseguinte, prevê-se que o equipamento tenha um coeficiente positivo nos níveis de produção. O fertilizante é um fator de produção importante na produção de milho e espera-se que tenha uma relação positiva com a produção de milho. A semente, que é o material de plantação do milho, é um fator de produção indispensável sem o qual a produção de milho não é possível. Por conseguinte, espera-se que tenha uma forte relação positiva com a produção.

Há seis variáveis específicas do agricultor e da empresa que se presume terem relações significativas com a produção de milho. Estas são a extensão, a idade do agricultor, o género do agricultor, a dimensão do agregado familiar, a experiência do agricultor e o acesso ao crédito. Uma vez que a idade acompanha frequentemente a experiência, e os agricultores mais velhos são muitas vezes conservadores e não estão dispostos a adotar novas tecnologias, esperamos que a variável idade tenha um sinal positivo. Os agricultores do sexo masculino contribuem com uma maior quantidade de mão de obra e dedicam mais tempo ao trabalho do que as agricultoras. Consequentemente, espera-se que o género esteja negativamente correlacionado com a ineficiência. Quanto maior for a dimensão do agregado familiar, mais mão de obra é fornecida para apoiar a produção e gerar níveis mais elevados de produção. Assim, supõe-se que a dimensão do agregado familiar se relacione negativamente com a ineficiência. Presume-se que os agricultores mais experientes combinam os seus recursos económicos de forma mais eficiente, de modo a aumentar os níveis de produção a um custo mínimo. Por conseguinte, espera-se que o seu coeficiente seja negativo. Espera-se que o acesso a uma facilidade de crédito (financeiro ou não financeiro) aumente o nível de produção; por conseguinte, espera-se que o seu coeficiente seja negativo.

**Quadro analítico**

As ferramentas analíticas utilizadas para o estudo incluem métodos descritivos e econométricos. O quadro de análise dos dados relativos ao estado de utilização dos recursos, à eficiência e aos condicionalismos da produção de milho na região central do Gana é descrito a seguir.

**O estado da utilização de recursos na produção de milho**

A estatística descritiva é utilizada como quadro para descrever o estado da utilização dos recursos na produção de milho na região.

São utilizadas técnicas estatísticas como médias, percentagens, frequências e desvios-padrão (com a ajuda dos resultados do SPSS Statistics versão 15.0) para descrever o estado da produção de milho, analisando

1.    as características socioeconómicas dos agricultores,

2.    técnicas de produção,

3.    níveis de entradas e saídas,

4.    custo dos factores de produção e da produção e

5.    informações sobre o mercado

**Medição e determinantes da eficiência da produção entre os produtores de milho da Região Centro**

A determinação da eficiência é efectuada tanto para a eficiência de custos como para a eficiência alocativa do produtor de milho. O quadro para a determinação da eficiência de custos neste estudo é a análise input-output e também utiliza a técnica da função de produção Cobb-Douglas. Na avaliação dos factores determinantes da eficiência da produção, é adotado um quadro correlacional. Isto permitirá relacionar o nível de eficiência do agricultor com os vários factores que provocam esse nível de eficiência. Utiliza-se uma regressão linear múltipla para mostrar como cada um dos determinantes afecta a variável dependente - eficiência de custos. A análise marginal é utilizada para determinar as eficiências alocativas dos agricultores. O software utilizado para a análise é o frontier 4.1.

**Estimativa da produção da exploração de milho.** Os métodos econométricos utilizados para estimar o resultado da produção envolvem a utilização da função de fronteira estocástica padrão. Isto é apresentado como um prelúdio para a eficiência que este estudo procura determinar.

O modelo de função de produção estocástica padrão é dado por

$$Y = f\,(Lan,\ Lab,\ Equ, Fert,\ Seed) \tag{3.1}$$

Um modelo de fronteira estocástica

$$Y_i = X_i\,\beta + \varepsilon_i \tag{3.2}$$

$$\ln\,(Y_i) = \beta_0 + \Sigma\beta_i\,\ln X_{ij} + v_i - u_i \tag{3.3}$$

A estimativa da fronteira de produção parte do princípio de que o limite da função de produção é definido pelo agricultor das "melhores práticas". Por conseguinte, indica o potencial máximo de produção para um determinado conjunto de factores de produção, $X_i$ , que pode ser expresso da seguinte forma

$$Y^{*}_{i} = f\,(X_i\ ;\beta)\cdot\exp(v_i) \tag{3.4}$$

Assim, a medida da eficiência técnica da *i-ésima* empresa, denotada por *TEi*, é definida como o rácio entre a produção observada e a produção potencial correspondente, que é dado como

$$TEi = Yi/Y^{*}_{i} = f\,(Xi;\beta)\cdot\exp\,(vi - ui)/f\,(Xi;\beta)\cdot\exp\,(vi) = \exp\,(-ui) \tag{3.5}$$

**Enquadramento da eficiência técnica.** A função SFP especifica a variabilidade da produção através de um termo de erro em duas partes, em que um dos termos de erro está associado ao efeito de ruído, enquanto o outro representa a ineficiência técnica na produção. A função SFP que incorpora efeitos de ineficiência técnica para dados transversais é especificada na equação (3.6).

$$Y_i = \beta X_i + v - u \qquad i = 1, \dots, N \tag{3.6}$$

Tomando o logaritmo natural da equação (3.6), a função SFP é dada na equação (3.7).

$$\ln Y_i = \ln f(X_i; \beta) + v_i - u_i \tag{3.7}$$

Onde

$Y_i$ é o nível de produção da observação $i$,

$f(X_i; \beta)$ denota uma função adequada, como Cobb-Douglas ou translog, do vetor de linhas de inputs $X_i$, $\beta$ é um vetor de parâmetros desconhecidos,

$v_i$ é um fator aleatório fora do controlo da empresa e

$u_i$ é uma variável aleatória não negativa associada a factores específicos da empresa que contribuem para que a *i-ésima* empresa não atinja a eficiência máxima.

A estimativa dos parâmetros da equação (3.7) é sustentada por hipóteses de distribuição relativas aos dois termos de erro. Assume-se geralmente que os $v_{is}$ são independentes, idênticos e normalmente distribuídos com média zero e variância constante, $\sigma_v^2$, $v_i \sim N(0, \sigma_v^2)$. Na literatura, assumiram-se diferentes distribuições com especificações variadas para os $u_i$. Algumas distribuições de $u_i$ que têm sido utilizadas por investigadores anteriores incluem a distribuição semi-normal de parâmetro único, a distribuição exponencial, a distribuição normal truncada e a distribuição gama de dois parâmetros (Bravo-ureta & Reiger, 1990; Jaforullah & Dewin, 1996). Este estudo, no entanto, adopta o modelo de Battese e Coelli (1995) e Onumah *et al.* (2010) para dados transversais, que assume que $u_i$ é distribuído como truncamento (em zero) da distribuição normal com média, $\mu_i$, e variância $\sigma_u^2$, $[u_i \sim (\mu_{i,}, \sigma_u^2)]$.

A equação (3.7) especifica a função SFP em termos dos valores de produção originais. Os efeitos de ineficiência técnica, $u_{is}$, são, no entanto, assumidos como uma função de variáveis explicativas, $z_{is}$, e um vetor desconhecido de coeficientes, $\delta$. As variáveis explicativas no modelo de ineficiência podem incluir algumas variáveis de entrada no SFP, desde que os efeitos de ineficiência sejam estocásticos (Battese & Coelli, 1995). Se o coeficiente da primeira variável $z$ tiver valor 1 e os coeficientes de todas as outras variáveis $z$ forem 0, então este caso representa o modelo especificado em Stevenson (1980). Se todos os elementos do vetor $\delta$ forem iguais a 0, então os efeitos da ineficiência técnica não estão relacionados com as variáveis z, pelo que se obtém a distribuição semi-normal originalmente especificada em Aigner, Lovell e Schmidt (1977). Se as interacções entre as variáveis específicas da empresa e as variáveis de entrada forem incluídas como variáveis z, obtém-se uma fronteira estocástica não neutra, especificada em Monruzzaman e Rahman (2009). Os efeitos de ineficiência técnica, $u_i$ , no modelo SFP (3.7) podem ser especificados na equação (3.8).

$$\mu_i = z_i\delta \tag{3.8}$$

Onde

Zi é um vetor de factores específicos da empresa associados à ineficiência técnica e δé um vetor de parâmetros a estimar.

A estimativa da fronteira de produção pressupõe que a fronteira da função de produção é definida pela empresa "melhor prática" (Battese & Corra, 1977). No modelo especificado (3.7), a função SFP distingue entre a produção observada $(Y_i)$ e a produção de fronteira $(Y^*)$ que são expressas como:

Observed output: $Y_i = X_i\beta + v_i - u_i$

Frontier output: $\quad Y_i^* = X_i\beta + v_i; \qquad\qquad u_i = 0$

Assim, a medida da eficiência técnica (ET) em relação à fronteira de produção (3.7) de uma empresa de transformação individual é definida na equação (3.9).

$$TE_i = \frac{Y_i}{Yi*} = \frac{X_i\beta+v_i-u_i}{X_i\beta+v_i} = \exp(-u) \tag{3.9}$$

A expressão anterior (3.9) para a ET baseia-se na previsão do valor do fator não observável $u_i$ . A diferença entre a produção observada ($Y_i$ ) e a produção na fronteira ($Y_i$ *) está incorporada em $u_i$ . Numa fronteira de produção, a ET assume um valor entre 0 e 1. Quando $u = 0$, a produção está na fronteira (ou seja, $Y_i = Yi*$) e o produtor de milho é tecnicamente eficiente. Mas se $u > 0$, o transformador é ineficiente, uma vez que a produção se situará abaixo da fronteira. As empresas de produção de milho totalmente eficientes do ponto de vista técnico são as que operam na fronteira de produção e o nível em que uma empresa de produção de milho se situa abaixo da sua fronteira de produção é considerado como uma medida do nível de ineficiência técnica. Quanto maior for a magnitude de $u_i$ , mais longe estará o produtor da fronteira de produção e estará a operar de forma mais ineficiente (Drysdale, Kalirajan & Zhao, 1995).

O procedimento de estimação de máxima verosimilhança em fase única de Battese e Corra (1977) é utilizado para efetuar a estimação simultânea dos parâmetros da fronteira estocástica e do modelo para efeitos de ineficiência técnica. Utilizando a função de densidade conjunta, a função de log-verosimilhança para uma amostra de $n$ empresas é dada pela equação (3.10).

$$\ln L = \text{constant} - n\ln\sigma + \sum_i \ln\Phi\left(\frac{\varepsilon_i\gamma}{\sigma}\right) - \frac{1}{2\sigma^2}\sum_i \varepsilon_i^2 \qquad (3.10)$$

Onde

$\varepsilon_i = (v_i - u_i) =$ termo de erro composto, $\Phi$ (.) é a função de distribuição cumulativa das variáveis aleatórias normais padrão avaliadas em (.).

A maximização da função de log-verossimilhança em relação a todos os parâmetros permite obter as respectivas estimativas de máxima verosimilhança. Seguindo a parametrização de Battese e Corra (1977), a log-verossimilhança é expressa em termos de

$$\sigma^2 = \sigma_v^2 + \sigma_u^2 \qquad (3.11)$$

e

$$\gamma = \frac{\sigma_u^2}{\sigma^2} = \frac{\sigma_u^2}{(\sigma_v^2 + \sigma_u^2)} \qquad (3.12)$$

O parâmetro de variância, $\gamma$, é considerado como estando limitado entre zero e um. O valor de $\gamma = 1$ indica que o desvio em relação à fronteira se deve inteiramente à ineficiência técnica, enquanto o valor $\gamma = 0$ significa que o desvio em relação à fronteira se deve inteiramente a efeitos de ruído. Assim, para $0 < \gamma < 1$, a variabilidade da produção é caracterizada pela presença de ineficiência técnica e de erros estocásticos.

A estimativa do modelo SFP requer a especificação de uma forma funcional. Alguns estudos de eficiência utilizaram a função de produção Cobb-Douglas com base no facto de ser simples de implementar, analisar e interpretar. No entanto, esta tecnologia tem sido severamente criticada com base no facto de restringir o retorno à escala ao mesmo valor em todas as empresas e pressupor que a elasticidade de substituição é igual a 1, cujo incumprimento pode afetar gravemente os resultados. Com base nas limitações da função de produção Cobb-Douglas, é preferível a utilização de uma forma funcional mais flexível.

Onumah *et al* (2010) adoptam a função de fronteira de produção logarítmica transcendental como o modelo adequado para analisar dados transversais sobre explorações piscícolas no Gana. Assume-se que a tecnologia de produção utilizada neste estudo é especificada pela forma funcional Cobb-Douglas. Esta forma funcional é utilizada porque é fácil de calcular.

**Modelo analítico da função de custo de fronteira estocástica.** Este estudo adopta a análise SPF para estimar a eficiência alocativa dos produtores de milho na Região Central do Gana. Para o efeito, a fronteira de produção é transformada em fronteira de custos. De acordo com Coelli (1996), a especificação do termo de erro composto da fronteira de produção é simplesmente convertida de ($V_i$ - $U_i$ ) para ($v_i$ + $u_i$), a fim de especificar a função da fronteira de custos. A fronteira de custos dual à fronteira de produção é assim especificada como:

$$\ln(C_i) = \alpha_0 + \Sigma_i \alpha_i \ln P_{ij} + \gamma \ln(Y^*_i) \tag{3.13}$$

Em que $C_i$ é o custo mínimo para produzir a produção $Y$,

$P_i$ j é um vetor de preços dos factores de produção, e $a$ é um vetor de parâmetros a estimar. $Y^*_i$ é a produção observada ajustada ao ruído estatístico e é especificada como

$$\ln(Y^*_i) = \beta_0 + \Sigma \beta_i \ln X_{ij} - u_i = \ln(Y_i) - v_i \tag{3.14}$$

De acordo com Coelli (1996), o programa informático Frontier 4.1 calcula as previsões das eficiências técnicas individuais das empresas a partir das fronteiras de produção estocásticas estimadas e as previsões das eficiências de custos individuais das empresas a partir das fronteiras de custos estocásticas estimadas. As medidas de eficiência técnica em relação à fronteira de produção $Y_i = X_i$ $\beta + (V_i - U_i)$, e de eficiência de custos em relação à fronteira de custos $Y_i = x_i \beta + (V_i + U_i)$, são ambas definidas como:

$$EFF_i = E(Y_i^* | U_i, X_i) / E(Y_i^* | U_i = 0, X_i), \tag{3.15}$$

em que $Y_i$ * é a produção (ou custo) da i-ésima empresa, que será igual a $Y_i$ quando a variável dependente estiver em unidades originais e será igual a $\exp(Y_i)$ quando a variável dependente estiver em logaritmos. No caso de uma fronteira de produção, a $FEP_i$ assumirá um valor entre zero e um, enquanto que no caso da função de custo assumirá um valor entre um e infinito. Nesta função de custo, o $U_i$ define agora até que ponto a empresa opera acima da fronteira de custo. Se se assumir uma eficiência alocativa, o $U_i$ está intimamente relacionado com o custo da ineficiência técnica. Se este pressuposto não for assumido, a interpretação do $U_i$ numa função de custo é menos compreensível, podendo estar envolvidas ineficiências técnicas e alocativas.

A eficiência de custos dos agricultores individuais é agora definida em termos do rácio entre o custo mínimo previsto ($C_i$ *) e o custo observado ($C_i$ ), ou seja:

$$CE_i = C_i^* / C_i = \exp(U_i) \tag{3.16}$$

Da equação acima, a eficiência de custos é simplesmente o recíproco da eficiência de custos dada pelo modelo de fronteira de produção gerado pelo programa informático Frontier 4.1. Por conseguinte, a eficiência de custos varia entre zero e um.

**Modelo empírico para estimar a eficiência de custos dos produtores de milho.** A eficiência de custos tem sido investigada numa série de trabalhos. Neste estudo, a fronteira de custo dual à função de fronteira de produção apresentada na equação 3.13 é usada para a estimativa da eficiência de custo. Nesta função, as variáveis independentes são o preço dos factores de produção e a produção total que é ajustada para qualquer ruído estatístico calculado pela função 3.14. O modelo operacional deste estudo é

$$\ln C_i = \ln \beta_0 + \beta_1 \ln P_1 + \beta_2 \ln P_2 + \beta_3 \ln P_3 + \beta_4 \ln P_4 + \beta_5 \ln P_5 + \beta_6 \ln Y^* \tag{3.17}$$

Onde Ci representa o custo de produção por exploração, medido em $^{GH¢}$; $P_{i1}$ representa o preço contratado por hectare de terra, em $^{GH¢}$; $P_{i2}$ simboliza o preço contratado por pessoa-dia, em $^{GH¢}$; /pessoas-dia; $P_{i3}$ significa o custo dos equipamentos, em $^{GH¢}$; $P_{i4}$ representa o custo do fertilizante, em $^{GH¢}$/kg; $P_{i5}$ representa o custo da semente, em $^{GH¢}$/kg; $Y_i^*$ representa a produção observada (milho) ajustada para qualquer ruído estatístico, contido em $v_i$; $\beta_0$, $\beta_1$,...., $\beta_6$ são coeficientes de parâmetros desconhecidos a serem estimados.

**Factores que afectam a eficiência dos agricultores.** O modelo de ineficiência é implicitamente definido para este estudo como:

$$\mu_i = \delta_0 + \sum_{m=1} \delta_m W_{mi} \tag{3.18}$$

A função explícita é definida como

$$\mu_i = \delta_0 + \sum_{m=1}^{7} \delta_m W_{mi} \tag{3.19}$$

Onde:

W = variáveis específicas do agricultor

$\delta$ = Coeficiente de parâmetros desconhecidos

A função operacional Cobb-Douglas para a ineficiência é especificada como

$$\mu = \delta_0 + \delta_1 (Ext) + \delta_2 (Age) + \delta_3 (Gen) + \delta_4 (HHs) + \delta_5 (Exp) + \delta_6 (Cre) \tag{3.20}$$

**Análise empírica da eficiência da utilização de recursos.** O estudo assumiu que a produção de milho é uma função da terra, mão de obra, equipamento, fertilizantes e sementes. A eficiência da afetação dos factores de produção foi estimada de acordo com as relações físicas de produção derivadas da função de produção Cobb-Douglas

O índice de eficiência da utilização dos recursos (r) foi obtido utilizando estimativas MLE da função Cobb-Douglas. O produto físico marginal da terra foi estimado com base no seu coeficiente de regressão estimado. Seguiu-se a estimativa do produto de valor marginal (MVP) da terra. O MVP da terra foi então comparado com o seu custo marginal dos factores (MFC). Assim, a eficiência da afetação de terras (r) foi determinada pelo rácio entre o MVP e o MFC. O índice de eficiência alocativa do emprego de capital foi calculado a partir de:

$$r = \frac{MVP}{MFC} \tag{3.21}$$

O valor deMVP foi estimado a partir da equação (3.14).

O mesmo procedimento foi seguido para estimar a eficiência da afetação de mão de obra, equipamento, fertilizantes e sementes.

**Modelo empírico de ineficiência de custos.** A distribuição da ineficiência média ($\mu$) está relacionada com as variáveis demográficas do agricultor e permite a heterogeneidade no termo de ineficiência média para investigar as fontes de diferenças nas eficiências técnicas dos agricultores. Os efeitos da ineficiência dos custos são uma função de vários factores observáveis, como a extensão, a idade, o sexo, a dimensão do agregado familiar, a experiência e o acesso ao crédito, a experiência, a situação profissional, a localização da empresa e a disponibilidade de compradores. Seguindo Onumah *et al* (2010), o modelo para várias variáveis operacionais e específicas da empresa que se supõe influenciarem a eficiência técnica na produção tradicional de milho é definido na equação (3.22).

$$\mu_i = \delta_0 + \sum_{m=1}^{7} \delta_m \, z_{mi} \tag{3.22}$$

Onde

$Z_s$ são variáveis exógenas,

$S_0$ e $S_m$ são coeficientes de ineficiência,

Zi é o acesso aos serviços de extensão,

Z2 Idade do agricultor,

Z3 é o género do agricultor

Z4 é a dimensão do agregado familiar do agricultor

Z5 é a experiência do agricultor,

Zg é o acesso ao crédito por um agricultor

Operacionalmente, a equação (3.22) pode ser expandida como se mostra a seguir.

$$\mu_i = \delta_0 + \delta_1(Ext) + \delta_2(Age_i) + \delta_3(Gender_i) + \delta_4(HHSize_i) +$$

$$\delta_5(Experien._i) + \delta_6(Credit_i) \tag{3.23}$$

**Constrangimentos enfrentados pelos pequenos produtores de milho**

Serão recolhidos dados sobre os desafios enfrentados pelos produtores de milho em pequena escala na área de estudo. Os desafios percebidos pelos produtores de milho incluem o acesso ao crédito, a falta de mercado, a falta de apoio governamental, a disponibilidade de matérias-primas, o preço do milho e a disponibilidade de mão de obra. As respostas dos agricultores serão classificadas utilizando uma escala de cinco pontos que vai de um constrangimento muito grande a um constrangimento muito pequeno.

As respostas são testadas quanto à concordância utilizando o Coeficiente de Concordância de Kendall. O coeficiente de concordância de Kendall (W de Kendall) é um índice de força de relacionamento que mede o grau de concordância entre vários juízes que avaliam um determinado conjunto de preocupações. Neste estudo, os juízes são produtores de milho. O coeficiente de concordância varia entre O e I, sendo que os valores mais elevados indicam uma relação mais forte e O significa que não há concordância entre os avaliadores (juízes). O nosso estudo propõe a utilização do W de Kendall para determinar a extensão das discordâncias e concordâncias entre as respostas. Além disso, o W de Kendall seria utilizado para testar a classificação dos factores que limitam a produção de milho.

A estatística W de Kendall é uma estimativa da variância das somas das classificações (R) dividida pelo valor máximo possível que a variância pode assumir. A ideia desta estatística é encontrar a soma das classificações para cada preocupação que está a ser classificada e depois examinar a variabilidade desta soma. Quando as classificações estão em perfeita concordância, a variabilidade entre estas somas será máxima (Mattson, 1986). A análise é um procedimento estatístico utilizado para identificar e classificar um determinado conjunto de preocupações (restrições) da menos restritiva para a mais restritiva, utilizando números na ordem 1,2,3,4,...n.

Quando a pontuação total de cada constrangimento é calculada, o constrangimento com a pontuação mais elevada é classificado como o mais urgente, enquanto o que tem a pontuação mais baixa é classificado como o constrangimento menos urgente. A pontuação total calculada é então utilizada para calcular o coeficiente de concordância (W); para medir o grau de concordância (concordância) nas classificações. Para obter a fórmula para W, é necessário estimar a soma de todas as classificações nos dados, dada como pn(n + 1)/2, e a soma dos quadrados de todas as classificações, dada como $p^2$ n(n+1)(2n+1)/6.

Os limites do W de Kendall não podem ser superiores a um e não podem ser negativos. Ou seja, o índice só pode ter sinal positivo. O W de Kendall é 1 quando as classificações atribuídas por cada agricultor são exatamente as mesmas que as atribuídas por outros agricultores (indicando a máxima concordância entre os agricultores). Além disso, o W de Kendall será O quando houver um desacordo máximo entre os inquiridos.

Uma vez que R representa a soma das classificações para cada preocupação a ser classificada, o

A variância da soma das classificações pode ser formulada como:

$$Var_R = \frac{\sum R^2 - (\sum R)^2/n}{n} \tag{3.24}$$

A variância máxima deR é então especificada como:

$$\frac{p^2(n^2 - 1)}{12}$$

A especificação para o W de Kendall é então dada como

$$W = \frac{(\sum R^2 - (\sum R)^2/n)/n}{p^2(n^2-1)/12} \tag{3.25}$$

W pode ser simplificado como:

$$\frac{12|\sum R^2 - (\sum R)^2/n}{np^2(n^2 - 1)}$$

Onde

R = soma das classificações para cada constrangimento classificado, p = número de classificações (agricultores) e n= número de constrangimentos classificados.

**Razões para escolher a abordagem econométrica**

Ao contrário da abordagem programática, que não é estocástica e agrupa o ruído e a ineficiência e designa a combinação por ineficiência, a abordagem econométrica é estocástica e tenta distinguir os efeitos do ruído dos efeitos da ineficiência.

Battese (1992) provou que a modelação econométrica das funções de produção de fronteira fornece informações úteis sobre as melhores práticas tecnológicas e as medidas através das quais a eficiência da produção de diferentes empresas pode ser comparada.

**Razões para escolher o modelo de custos de fronteira estocástica**

A abordagem da fronteira estocástica provou ser o método mais popular devido à sua capacidade de ter em conta o erro de medição do custo e os elementos estocásticos da produção, distinguindo assim o efeito do ruído do efeito da ineficiência. O método decompõe o erro composto em erro de factores fora do controlo do agricultor, bem como de factores dentro do controlo do agricultor. É importante notar que as ineficiências técnicas ou de custos só podem ser estimadas se os efeitos da ineficiência forem estocásticos e tiverem uma especificação de distribuição particular (Battese & Coelli, 1996).

Os modelos determinísticos, por outro lado, partem do princípio de que qualquer desvio da função de fronteira se deve a ineficiência, pelo que são muito sensíveis a valores atípicos. Isto torna o modelo DEA suscetível a erros de medição ou outros erros nos dados. Ogundele e Okoruwa (2006) observaram que grandes valores anómalos distorcem a medição da eficiência.

**Razão para utilizar a forma funcional Cob-Douglas**

Embora Coelli (1995a) tenha observado que a função de fronteira translog é menos restritiva e permite a combinação de termos quadrados e produtos cruzados para melhorar o ajuste do modelo, o modelo de fronteira Cobb-Douglas tem sido amplamente utilizado na literatura sobre fronteiras devido à sua simplicidade. Também satisfaz o requisito de ser autodual, permitindo uma estimativa da eficiência dos custos. Mais uma vez, não obstante o facto de o modelo de fronteira Cobb-Douglas restringir o retorno à escala ao mesmo valor em todas as explorações e assumir que a elasticidade de substituição é igual a 1, Kopp e Smith (1980) sugeriram que a forma funcional tem um efeito limitado na medição empírica da eficiência.

# CAPÍTULO 4

## RESULTADOS E DISCUSSÃO

### Introdução

Este capítulo apresenta e discute os resultados empíricos do estudo. Os resultados são apresentados em quatro conjuntos, de acordo com os objectivos específicos do estudo. Em primeiro lugar, é apresentada uma descrição do estado da utilização de recursos na produção de milho na Região Centro. Em segundo lugar, é discutida a eficiência dos índices de afetação de recursos. Em terceiro lugar, são discutidas as estimativas de máxima verosimilhança (MLE) da função de custo da fronteira estocástica. Em quarto lugar, são apresentados e discutidos os constrangimentos com que se confronta a produção de milho na Região Centro.

### O estado da utilização de recursos na produção de milho na
### região central
### do Gana

Esta descrição do estado da utilização dos recursos na produção de milho abrange as características dos agricultores, bem como o acesso e a utilização dos recursos e da tecnologia e os resultados do milho resultantes do processo de produção.

### Características do agricultor

**Estado civil dos agricultores.** A maioria dos produtores de milho da região é casada (Quadro 2).

**Quadro 2: Estado civil**

| Estado | Frequência | Percentagem | % válida | % acumulada |
|---|---|---|---|---|
| Casado | 267 | 88.4 | 88.4 | 88.4 |
| Individual | 7 | 2.3 | 2.3 | 90.7 |
| Divorciado | 21 | 7.0 | 7.0 | 97.7 |
| Viúva | 7 | 2.3 | 2.3 | 100 |
| **Total** | **302** | **100** | **100** | |

O facto de nenhum agricultor entrevistado ter menos de 23 anos (Quadro 4) explica a elevada percentagem de casados. Também explica a elevada dimensão do agregado familiar observada.

**Género dos agricultores.** Cerca de 66% dos produtores de milho eram do sexo masculino contra 34% do sexo feminino (Quadro 3).

**Quadro 3: Género dos produtores de milho**

| Género | Frequência | Percentagem | % válida | Acumulado % |
|---|---|---|---|---|
| Masculino | 199 | 65.9 | 65.9 | 65.9 |
| Feminino | 103 | 34.1 | 34.1 | 100 |
| **Total** | **302** | **100** | **100** | |

Fonte: Dados de campo, 2013

Isto implica que algumas agricultoras, embora casadas, ainda tomam decisões sobre as suas empresas agrícolas. Isto tendo em conta o facto de 88% dos agricultores serem casados.

**Idade média dos produtores de milho.** A idade média dos agricultores era de 46 anos, com um intervalo de 23-76 anos (Quadro 4). Isto mostra que a maioria dos agricultores são jovens e estão dentro do grupo de idade ativa.

**Dimensão do agregado familiar.** Os agricultores têm um tamanho médio de agregado familiar de 5, com um intervalo de 0-20 (Quadro 4). Isto significa que cerca de cinco dependentes do agricultor podem contribuir com esforços para a produção de milho.

**Nível de educação formal.** O número médio de anos de escolaridade foi estimado em 5 anos, com uma variação de 0-15 anos (Quadro 4). Isto mostra que a maioria dos agricultores não foi além do nível de educação primária, o que é uma indicação de que têm um baixo nível de educação.

**Quadro 4: Estatísticas descritivas das variáveis específicas do agricultor e da exploração agrícola**

| Variável | N | Min. | Máximo. | Média | Desvio padrão |
|---|---|---|---|---|---|
| Idade | 302 | 23.00 | 76.00 | 46.15 | 10.15 |
| Dimensão do agregado familiar | 302 | 1.00 | 20.00 | 5.40 | 3.40 |
| Nível de educação | 302 | .00 | 15.00 | 5.04 | 4.55 |
| Rendimento por ano | 302 | 50.00 | 8000.00 | 1479.97 | 1292.52 |
| Nível de experiência | 302 | 2.00 | 55.00 | 19.84 | 10.19 |
| Distância casa-agricultor | 302 | 0.50 | 7.00 | 2.47 | 1.14 |
| Visitas de extensão | 302 | 0.00 | 31.00 | 2.47 | 2.50 |

Fonte: Dados de campo, 2013

**Rendimento anual dos agricultores**. Em média, os produtores de milho ganham GH01,48O com uma variação de GH05O-GH08OOO como rendimento por ano (Quadro 4).

**Experiência na cultura do milho.** O nível de experiência dos agricultores foi estimado em 2O anos em média, com um intervalo de 2-55 anos (Quadro 4). Esta é uma indicação de que os produtores de milho na área de estudo são maioritariamente experientes.

**Acesso aos serviços de extensão.** Alguns agricultores relataram que não tiveram acesso aos serviços de extensão durante a época de produção. A média das visitas da extensão na área de estudo é de 2,5 visitas por época de produção com um mínimo de zero e um máximo de trinta e uma visitas e um desvio padrão de 2,5O4O1 (Quadro 4). Embora o acesso aos serviços de extensão não tenha um custo direto para o produtor de milho, sabe-se que a sua utilização tem um impacto positivo na produção global do produtor (Owens, Hoddinott, & Kinsey, 2OO1).

**Estatísticas resumidas das variáveis de entrada e saída**

O Quadro 5 apresenta estatísticas resumidas das variáveis de produção e de entrada, bem como algumas variáveis de origem da ineficiência.

**Custo dos factores de produção.** Os valores médios dos custos das variáveis individuais são apresentados no Quadro 5. O custo médio da terra foi de GH017O.1O com um desvio padrão de 348.18. Esta variação no desvio padrão é uma indicação de que os agricultores operavam com diferentes tamanhos de terra. O custo médio da mão de obra foi de GHc 8O1,56, com um desvio-padrão de GHC 827,96. A variabilidade e a média do custo médio da mão de obra incorrida pelos agricultores é um reflexo do facto de a maior parte das operações agrícolas serem feitas manualmente, o que é trabalhoso e dispendioso. Os agricultores gastaram GHC 32,O2, GHC 44,2O, GHC26,38 e GHC1O5,9O em equipamento, fertilizantes, pesticidas e sementes, respetivamente.

**Tabela 5: Estatísticas descritivas das variáveis de produção e de saída**

| Variável | N | Mínimo | Máximo | Média | Std. Dev. |
|---|---|---|---|---|---|
| Dimensão do terreno | 3O2 | .4O | 23.OO | 1.83 | 2.11 |
| Custo do terreno | 3O2 | 15.OO | 345.OO | 17O.1O | 348.18 |
| Pessoas-dia | 3O2 | 17.5O | 435.9O | 63.91 | 59.99 |
| Custo da mão de obra | 3O2 | 2OO.OO | 72OO.OO | 8O1.56 | 827.96 |
| Custo do equipamento | 3O2 | .OO | 621.5O | 32.O2 | 74.49 |
| Quantidade de fertilizante | 3O2 | .OO | 475.OO | 58.11 | 81.46 |

| | | | | | |
|---|---|---|---|---|---|
| Custo do adubo | 3O2 | .OO | 372.OO | 44.2O | 61.57 |
| Quantidade de pesticida | 289 | 1.OO | 22.OO | 3.64 | 3.31 |
| Custo do pesticida | 289 | 7.5O | 165.OO | 26.38 | 1O.12 |
| Quantidade de sementes | 3O2 | 1.OO | 1OO.OO | 21.1O | 12.13 |
| Custo das sementes | 3O2 | 8.OO | 175O.OO | 1O5.9O | 186.37 |
| Quantidade de produção | 3O2 | 38.OO | 12OOO.OO | 1166.91 | 1117.15 |
| Valor da produção | 3O2 | 19O.OO | 6OOOO.OO | 224O.47 | 2144.92 |

Fonte: Dados de campo, 2O13

**Análise de custos.** O custo total médio de produção é de GH01173,59. A análise de custos mostra que o custo da terra representa 14,38% do custo total, o custo da mão de obra representa 68,19%, o custo do equipamento representa 2,62%, o custo dos fertilizantes representa 3,66%, o custo dos pesticidas representa 2,14% e o custo dos materiais de plantação representa 9,01%.

**O valor da produção.** O quadro 5 revela que o valor total médio de todo o milho produzido na exploração é de 2240,48 GHC, com um desvio padrão de 2144,92. A variabilidade do desvio padrão implica que os agricultores operavam em diferentes níveis de dimensão das explorações, o que tende a afetar os seus níveis de produção.

**Resumo da análise de entradas e saídas.** Em média, os agricultores gastaram Gllc1173,59 em factores de produção utilizados para produzir o milho e obtiveram uma receita de GH02240,48. Assim, obtiveram um lucro bruto de GHC1066,89 por uma época de produção de milho. Este lucro corresponde a 90,91% do custo total de produção e a 47,62% da receita total obtida. Este nível de lucro está de acordo com Udry e Anagol (2006) que afirmam que a cultura alimentar estabelecida no Gana é rentável.

**Acesso a recursos e tecnologia**

**Modo de acesso à terra.** O Quadro 6 revela o modo de acesso à terra pelos produtores de milho na área de estudo para a sua produção de milho.

**Quadro 6: Modo de acesso ao solo**

| Modo | Frequência | Percentagem | % válida | Acumulado % |
|---|---|---|---|---|
| Propriedade | 28 | 9.3 | 9.3 | 9.3 |

| | | | | |
|---|---|---|---|---|
| Arrendamento | 204 | 67.5 | 67.5 | 76.8 |
| Terrenos familiares | 39 | 12.9 | 12.9 | 89.7 |
| Colheita em parcelas | 31 | 10.3 | 10.3 | 100 |
| **Total** | **302** | **100** | **100** | |

Fonte: Dados de campo, 2013

A Tabela 6 mostra que 67,5 por cento dos produtores de milho arrendam a terra, 12,9 por cento é propriedade familiar, 10,3 por cento é propriedade em regime de meação e 9,3 por cento é propriedade pessoal. Muitas das terras arrendadas são terras familiares, que estão igualmente fragmentadas e longe da residência dos agricultores, com uma distância média entre a residência de um agricultor e a sua exploração de milho de 2,5 km (Quadro 4). Esta pode ser uma das razões pelas quais os produtores de milho na área de estudo são maioritariamente pequenos agricultores e não podem adquirir extensas áreas para produção mecanizada em grande escala.

**Variedade de milho cultivada.** O milho local foi considerado a variedade de milho mais comum cultivada na área de estudo. O quadro 7 mostra que 79,1 por cento dos produtores de milho no inquérito plantaram esta variedade de milho. Os agricultores afirmam que têm gosto e preferências por esta variedade local em comparação com outras variedades.

**Quadro 7: Variedade de milho semeada**

| Variedades | Frequência | Percentagem | % válida | Acumulado % |
|---|---|---|---|---|
| Local | 239 | 79.1 | 79.1 | 79.1 |
| Obatanpa | 59 | 19.5 | 19.5 | 98.7 |
| Dowbidi | 3 | 1.0 | 1.0 | 99.7 |
| Abeleehi | 1 | 0.3 | 0.3 | 100 |
| **Total** | **302** | **100** | **100** | |

Fonte: Dados de campo, 2013

Outros agricultores afirmam que é de facto a variedade de milho que eles podem produzir mais eficientemente. Uma secção de agricultores também indicou que a variedade de milho local armazena melhor do que as variedades híbridas. Apesar destas razões, 19,5 por cento dos agricultores cultivam Obaatanpa, um por cento cultivam Dowbidi e 0,3 por cento plantam Abeleehi.

**Método de preparação da terra.** Slash and bum foi o método dominante de preparação da terra usado pelos agricultores para limpar as suas terras para a plantação de milho. A Tabela 8 ilustra que todos os agricultores entrevistados, exceto um, que prepara a terra com herbicida, usaram este método tradicional para limpar as suas terras. O resultado confirma as conclusões de Obeng (2008) na sua dissertação sobre a produção e exportação de ananás no Gana, onde afirma que este método tradicional atrasa os processos e dificulta o cultivo de grandes extensões de terra.

**Quadro 8: Método de preparação do terreno**

| Método | Frequência | Percentagem | % válida | % acumulada |
|---|---|---|---|---|
| Corte e corte | 301 | 99.7 | 99.7 | 99.7 |
| Weedicidas utilizados | 1 | 0.3 | 0.3 | 100 |
| **Total** | **302** | **100** | **100** | |

Fonte: Dados de campo, 2013

A FTA também causa um esgotamento da fertilidade do solo e pode ser a razão por trás da dependência excessiva dos agricultores no uso de fertilizantes pesados formulados comercialmente. No entanto, neste caso, os agricultores fazem um uso limitado de fertilizantes comerciais e obtêm baixos rendimentos.

**Razões para usar um determinado método de preparação da terra.** Muitos (38%) dos agricultores usam a queimada apenas para se conformarem com a tradição (Quadro 9).

**Quadro 9: Razões para utilizar o método convencional**

| Motivo | Frequência | Percentagem | % válida | Acumulado % |
|---|---|---|---|---|
| Tradição | 115 | 38.1 | 38.2 | 38.2 |
| Vegetação arbustiva | 101 | 33.4 | 33.6 | 71.8 |
| Fundo inadequado | 13 | 4.3 | 4.3 | 76.1 |
| Plantação fácil | 70 | 23.2 | 23.3 | 99.3 |
| Quinta higiénica | 2 | 0.7 | 0.7 | 100 |
| **Total** | **302** | **100** | **100** | |

Fonte: Dados de campo, 2013

Alguns deles também explicaram que a vegetação é tão arbustiva que não se presta facilmente à lavoura ou à pulverização química. A inadequação dos terrenos, a facilidade de plantação e a manutenção de uma exploração agrícola higiénica foram as outras razões apresentadas pelos agricultores para explicar por que razão utilizavam o método convencional de corte e queimada para preparar as suas terras para a plantação.

**Disponibilidade para usar o crédito.** Os resultados da análise mostram que 93% dos agricultores inquiridos estão dispostos a utilizar o crédito para produzir milho (Quadro 10).

**Quadro 10: Vontade de utilizar o crédito**

| Resposta | Frequência | Percentagem | % válida | Acumulado % |
|---|---|---|---|---|
| Aceitar crédito | 281 | 93.0 | 93.0 | 93.7 |
| Não aceitar | 21 | 7.0 | 7.0 | 100 |
| **Total** | **302** | **100** | **100** | |

Fonte: Dados de campo, 2013

Quando questionados sobre a razão pela qual queriam utilizar o crédito, 91,4% destes agricultores disseram que precisavam de crédito para aumentar a dimensão das suas explorações, enquanto 1,7% manifestaram vontade de utilizar o crédito para reduzir o trabalho pesado (Quadro 11).

**Quadro 11: Motivo da vontade de recorrer ao crédito**

| Resposta | Frequência | Percentagem | % válida | % acumulada |
|---|---|---|---|---|
| Aumentar dimensão da exploração | a276 | 91.4 | 98.2 | 98.2 |
| Reduzir o trabalho pesado | 5 | 1.7 | 1.8 | 100 |
| **Total** | **281** | **93.0** | **100** | |

Fonte: Dados de campo, 2013

As razões apresentadas no Quadro 11 mostram que a maioria dos produtores de milho vê o crédito como um meio de expandir a escala da sua produção e que o acesso ao mesmo é importante para aumentar a sua produção.

**Acesso ao crédito.** Apesar de a maioria dos agricultores estar disposta a recorrer ao crédito para expandir as suas explorações de milho, o resultado também indica que apenas 4% têm acesso ao crédito. Noventa e seis por cento dos agricultores disseram que o crédito não é acessível.

**Quadro 12: Acesso ao crédito para a produção de milho**

| Resposta | Frequência | Percentagem | % válida | Acumulado % |
|---|---|---|---|---|
| Ter acesso | 12 | 4.0 | 4.0 | 4.0 |
| Não tem acesso | 290 | 96.0 | 96.0 | 100 |
| **Total** | **302** | **100** | **100** | |

Fonte: Dados de campo, 2013

As constatações acima estão de acordo com Dzadze *et al* (2012), segundo os quais os produtores de milho da Região Centro têm restrições de crédito, limitando assim a escala da sua produção.

**Disponibilidade de mercado para a produção de milho.** Foi pedido aos agricultores que indicassem se o mercado para vender o seu produto está disponível para eles ou não. Os produtores de milho afirmaram (97,7%) que o mercado de milho está disponível para eles (Quadro 13).

**Quadro 13: Disponibilidade de mercado para o milho**

| Resposta | Frequência | Percentagem | % válida | % acumulada |
|---|---|---|---|---|
| Disponível | 295 | 97.7 | 97.7 | 97.7 |
| Não disponível | 7 | 2.3 | 2.3 | 100 |
| **Total** | **302** | **100** | **100** | |

Fonte: Dados de campo, 2013

No entanto, afirmaram que não conseguem encontrar um preço satisfatório nesse mercado. 83,1 por cento dos agricultores inquiridos afirmaram não ter um preço satisfatório no mercado onde vendem os seus produtos de milho (Quadro 14).

**Quadro 14: Satisfação com o preço**

| Resposta | Frequência | Percentagem | % válida | Acumulado % |
|---|---|---|---|---|
| Satisfeito | 51 | 16.9 | 16.9 | 16.9 |
| Não satisfeito | 251 | 83.1 | 83.1 | 100 |
| **Total** | **302** | **100** | **100** | |

Fonte: Dados de campo, 2013

Preços insatisfatórios podem levar a uma futura queda nas quantidades de milho que os agricultores produzem. Este facto segue a lei da oferta, segundo a qual a quantidade oferecida diminui à medida que o preço desce.

No entanto, a situação é diferente nalgumas épocas do ano. Os agricultores indicaram que se obtêm preços mais elevados em certas alturas do ano, mas não podem armazenar a sua produção até essa altura. Por conseguinte, contentam-se com preços mais baixos durante os períodos de escassez.

**Eficiência da produção de milho na região central do Gana**

A eficiência de custos da produção de milho, bem como as eficiências alocativas da utilização de factores de produção para os vários factores de produção, são apresentadas a seguir.

**Análise das eficiências de custo da cultura do milho ao nível da empresa**

Os índices de eficiência de custos dos produtores de milho na Região Centro variaram entre 85% e 99%, com uma média de 95,95%. Isto significa que o índice é 2% mais do que o de Ogundari e Ojo (2007) e 38% mais do que o encontrado por Khai *et al* (2008) na sua estimativa da eficiência económica dos pequenos agricultores de culturas alimentares no estado de Ondo, na Nigéria, e dos agricultores de soja no delta do rio Mekong, no Vietname, respetivamente. Isto significa que se o agricultor médio da amostra atingisse o nível de EC do seu homólogo mais eficiente, o agricultor poderia realizar uma poupança de custos de 4% (ou seja, 1-[95/99]), o que fica muito abaixo dos 63% que Paudel e Matsuoka (2009) relataram entre os produtores de milho no distrito de Chitwan, no Nepal. Além disso, os agricultores que obtiveram a pontuação mais alta de eficiência de custos acima de 95 por cento foram 238 famílias que representaram 88 por cento do total de agricultores inquiridos.

**Utilização de recursos**

O quadro 15 mostra que a quantidade de sementes utilizadas na cultura do milho tem o maior índice de eficiência de utilização de recursos (21,11), seguida da terra (2,63), do fertilizante (2,54), da mão de obra (0,39) e do equipamento (0,14). Os rácios de eficiência alocativa (r) para a terra, o fertilizante e as sementes são superiores a 1 e estão de acordo com o estudo de Ogundari (2008) sobre os produtores de arroz de sequeiro. Estes recursos são, portanto, subutilizados na cultura do milho. Os agricultores precisam de aumentar a quantidade destes factores de produção para poderem maximizar o lucro, uma vez que o valor marginal do produto é superior ao custo marginal dos factores de produção ou ao preço unitário dos factores de produção.

**Quadro 15: Análise do valor marginal da utilização dos factores de produção**

| Variável | Média | Elasticidad e | PPM | MVP | MFC | r |
|---|---|---|---|---|---|---|
| Saída 1166.91 | | | | | | |
| Terreno | 1.83 | 0.20 | 127.53 | 244.86 | 92.95 | 2.63 |

| | | | | | |
|---|---|---|---|---|---|
| Trabalho | 63.90 | 0.14 | 2.56 | 4.91 | 12.54 | 0.39 |
| Equipamento | 32.02 | 0.002 | 0.07 | 0.14 | 1.00 | 0.14 |
| Fertilizante | 58.11 | 0.05 | 1.00 | 1.92 | 0.76 | 2.54 |
| Semente | 21.10 | 0.99 | 54.75 | 105.12 | 4.98 | 21.11 |

Preço médio da produção= GH01.92

Fonte: Dados de campo, 2013

Os rácios de eficiência alocativa (r) para equipamento e mão de obra são inferiores a 1, o que significa que estes recursos são sobreutilizados na cultura do milho. Significa também que os factores de produção sobreutilizados são pagos mais do que os seus produtos de valor marginal. Por conseguinte, a utilização destes recursos deve ser reduzida. A sobreutilização do equipamento pode dever-se ao facto de se utilizarem muitos equipamentos e ferramentas de cada vez, aumentando assim desnecessariamente o custo do equipamento. O resultado também mostra que a cultura do milho na região envolve a intensificação da mão de obra por parte da empresa agrícola produtora de milho. A sobreutilização da mão de obra e do equipamento está de acordo com a eficiência alocativa de Issahaku *et al* (2011) na transformação tradicional de manteiga de carité no norte do Gana, mas ao contrário do que ocorre na produção melhorada de manteiga de carité na mesma zona. Assim, nenhum dos factores de produção foi afetado de forma óptima.

### Determinantes da eficiência da produção de milho na região central do Gana

Os factores determinantes da eficiência de custos da produção de milho entre os produtores de milho da Região Central do Gana são apresentados no modelo de fronteira de custos estocástica abaixo. Também são apresentados os efeitos destes factores determinantes.

### Estimativa de máxima verosimilhança da função de fronteira de custo estocástico e do modelo de ineficiência

As estimativas da função de produção de fronteira estocástica da cultura do milho na Região Central do Gana são apresentadas no Quadro 16. O quadro mostra que os coeficientes de todos os parâmetros são positivos e significativos ao nível de um por cento. Conclui-se, portanto, que os rendimentos do milho são mais reactivos a toda a variável regressora incluída no modelo.

A gama (γ) tem um valor de 0,9999 e é significativa ao nível de um por cento. Isto é uma indicação de que quase toda a variação observada no custo de fronteira pode ser atribuída à ineficiência dos custos entre os produtores de milho, mas não a choques aleatórios, como erros estatísticos e de recolha de dados, que estão fora do controlo dos produtores. Isto implica que a componente de erro unilateral da ineficiência de custos domina a componente de erro aleatório simétrico na explicação da variação entre o custo de fronteira e o custo real dos produtores de milho. Mais uma vez, significa também que o modelo se ajusta aos dados. O valor não-zerro de $\gamma$ sugere que existem diferenças nas eficiências de custos entre os produtores de milho. Implica que o efeito de ineficiência está presente no modelo e, por isso, o modelo de fronteira estocástica é uma representação adequada dos dados, mas não a função de resposta média tradicional comum. O $\sigma^2$ estatisticamente significativo de 0,0201 na fronteira de custo estocástica é significativamente diferente de zero, indicando um bom ajuste do modelo e a correção dos pressupostos de distribuição especificados.

**Quadro 16: Estimativas de máxima verosimilhança da função de custo de fronteira estocástica para a eficiência de custos**

| Variáveis | Parâmetro | Coeficiente | erro padrão | rácio t |
|---|---|---|---|---|
| Variáveis regressoras | | | | |
| Constante | $\theta_0$ | -0.0073*** | 0.0017 | -4.2049 |
| Saída | $s_i$ | -0.0013** | 0.0005 | -2.4060 |
| Terreno | $\theta_2$ | 0.0230*** | 0.0027 | 8.6632 |
| Trabalho | $\theta_3$ | 0.0090*** | 0.0024 | 3.7988 |
| Equipamento | $\theta_4$ | 0.0035*** | 0.0007 | 4.9586 |
| Fertilizante | $\theta_5$ | 0.9496*** | 0.0023 | 412.2862 |
| Semente | $\theta_6$ | 0.0119*** | 0.0009 | 12.9851 |

**Quadro 15: Estimativas de máxima verosimilhança da função de custo de fronteira estocástica para a eficiência de custos (continuação)**

| Variáveis | Parâmetro | Coeficiente | erro padrão | rácio t |
|---|---|---|---|---|
| Variáveis exógenas | | | | |
| Constante | $\tau_0$ | -0.3245*** | 0.0465 | -6.9855 |
| Extensão | $\tau_1$ | -0.0375*** | 0.0017 | -22.0021 |
| Idade | $\tau_2$ | 0.0027** | 0.0012 | 2.2239 |
| Género | $\tau_3$ | 0.0378* | 0.0209 | 1.8117 |
| Tamanho HHS | $\tau_4$ | 0.0171*** | 0.0054 | 3.1721 |

| | | | | |
|---|---|---|---|---|
| Experiência | $\tau_5$ | -0.0051** | 0.0020 | -2.5744 |
| Crédito | $\tau_6$ | -0.7133*** | 0.0365 | -11.9525 |
| Parâmetros de variância | | | | |
| Sigma ao quadrado | $\sigma^2$ | 0.0201*** | 0.0012 | 17.2096 |
| Gama | $\gamma$ | 0.9999*** | 0.0000 | 74083.9080 |

*, **, ***Significativo estatisticamente aos níveis de 10%, 5% e 1%, respetivamente.

Fonte: Dados de campo, 2013

**Modelo de fonte de ineficiência de custos**

No modelo de ineficiência de custos, os resultados mostram que os coeficientes de todas as variáveis exógenas incluídas no modelo são significativos. Os sinais positivos do género e da dimensão do agregado familiar são contrários à nossa expetativa apriori. Os coeficientes da extensão, experiência e crédito tiveram os sinais negativos esperados. Isto implica que, quando os níveis destas variáveis aumentam, a produção e, por conseguinte, a eficiência de custos dos agricultores aumentam em conformidade. O coeficiente da idade também teve o sinal positivo esperado.

Esperava-se que o coeficiente da extensão fosse negativo. Consequentemente, o coeficiente da variável é negativo, o que implica que quanto maior for o número de vezes que os agricultores recebem serviços de extensão, menor será o seu nível de ineficiência e, consequentemente, maior será o nível de eficiência (Kuznets, 1966). A formação recebida do agente de extensão permite que os agricultores identifiquem as fontes de ineficiência de custos e as eliminem, reduzindo assim o nível de ineficiência na produção de milho. Os conhecimentos adquiridos através dos serviços de extensão também informam os agricultores sobre a melhor combinação de insumos, tendo em conta os seus respectivos preços. Esta constatação é coerente com as conclusões de Owens, Hoddinott e Kinsey (2001), que concluíram que o acesso dos agricultores aos serviços de extensão aumenta o valor da produção. No entanto, Alemu, Nuppenu e Boland (em Addai, 2011) mostram que as visitas de extensão não trazem reduções significativas nos níveis de ineficiência, o que é contrário às conclusões deste estudo.

Esperava-se que o coeficiente da variável idade fosse positivo. Os resultados desta investigação mostram que a variável é positiva e significativa a um nível de 10%. Esta conclusão está em conformidade com Esmaeili e Ebrahimi (2006), que observaram que os jovens capitães na pesca iraniana são mais eficientes do que os mais velhos. Battese e Coelli (1996) também argumentaram que os agricultores mais velhos são provavelmente mais conservadores e não estão inclinados a adotar inovações. Além disso, é provável que os agricultores mais jovens tenham alguma educação formal e, por conseguinte, sejam mais bem sucedidos na recolha de informações e na compreensão de novas práticas, o que, por sua vez, melhorará a sua eficiência económica através de níveis mais elevados de eficiência alocativa.

A variável género é considerada positiva neste trabalho. Isto significa que os agricultores do género masculino são mais ineficientes do que os do género feminino no cultivo do milho na área de estudo. Esta conclusão é consistente com os resultados de Dolisca e Jolly (2008). Estes autores relacionaram o seu resultado com o facto de que, após a preparação da terra, as mulheres normalmente realizam as restantes actividades envolvidas no processo de produção na exploração agrícola e isto é mais evidente em África.

O coeficiente da dimensão do agregado familiar é significativamente positivo no modelo. Isto significa que os produtores de milho na área de estudo se tornam mais ineficientes em termos de custos com o aumento da dimensão da família. Este facto está de acordo com Abdulai e Eberlin (2001) e com a constatação de Coelli *et al* s (2002) de que as famílias numerosas eram mais ineficientes, quando aplicaram técnicas de programação (DEA) a dados detalhados de 406 explorações de arroz em 21 aldeias do Bangladesh, em 1997. Os agricultores com agregados familiares mais numerosos teriam de afetar mais recursos financeiros à saúde, à educação, etc. dos membros do agregado familiar, tornando-os assim ineficientes em termos de custos.

A experiência, o número de anos de cultivo de milho alcançado pelo chefe do agregado familiar, é utilizada como indicador do input de gestão. O aumento da experiência agrícola pode levar a uma melhor avaliação da importância e da complexidade das boas decisões agrícolas, incluindo a utilização eficiente dos factores de produção. O sinal esperado para a variável experiência é negativo. De acordo com esta expetativa, a variável é negativa no modelo de ineficiência de custos. Isto implica que os agricultores que tinham mais experiência no cultivo de milho tinham menor ineficiência de custos, e este resultado é consistente com as conclusões de Khai *et al* (2008), Kareem *et al* (2008) e Rahman (2003) de que os agricultores mais experientes são menos ineficientes na afetação de recursos para a produção do que os novos agricultores que são progressivos e estão dispostos a implementar novos sistemas de produção.

O acesso ao crédito é negativo no modelo de ineficiência de custos, o que significa que este fator aumenta a eficiência de custos dos produtores de milho. Este facto está em conformidade com o trabalho de (Abdulai & Huffman, 1988). O coeficiente estimado da disponibilidade de crédito no modelo de ineficiência dos lucros no seu estudo sobre os produtores de arroz no Gana foi negativo, o que significa que a sua ineficiência dos lucros diminuiu com o aumento da disponibilidade de crédito.

**Constrangimentos na produção de milho**

Foi pedido aos produtores de milho que identificassem e classificassem os constrangimentos associados à sua produção por ordem de gravidade. Os constrangimentos identificados e classificados pelos agricultores são apresentados no Quadro 17.

A disponibilidade de crédito é o fator mais limitativo para os produtores de milho na área de estudo. Tem um valor médio de (4,5515). Os produtores de milho dificilmente receberam crédito, quer de instituições financeiras quer do governo, devido à sua perceção de incapacidade de pagamento, o que é consistente com o relatório de Zalkuwi *et al* (2010), segundo o qual 69% dos agricultores avaliados foram confrontados com o problema de crédito inadequado, e Obeng (2008), segundo o qual o crédito para a produção agrícola era limitado. Os bancos estavam relutantes em conceder crédito devido ao elevado risco associado aos empreendimentos agrícolas. Mesmo quando o crédito estava disponível, os bancos aplicavam taxas de juro elevadas e condições insuportáveis. Os agricultores não podem, por conseguinte, expandir as suas explorações e comprar grandes quantidades de factores de produção a preços baixos para aumentar a sua produção. Também não podem autofinanciar as compras com os seus próprios recursos. Por fim, os agricultores compram factores de produção em pequenas quantidades, aumentando assim o seu custo de produção. Por conseguinte, continuam a ser pequenos agricultores. As conclusões do presente estudo são igualmente coerentes com as de More (1999), Kameswara (2000) e Guledagudda *et al* (2002) no seu estudo sobre a produção de bananas.

O constrangimento seguinte é o preço de compra do milho, com uma média de 4,3522. O preço de compra do milho é um constrangimento importante porque os resultados confirmam que os agricultores não vendem o seu milho a um preço satisfatório. Durante as colheitas abundantes, o preço do milho no mercado local pode cair abaixo do nível para cobrir apenas o custo de produção.

**Quadro 17: Classificação dos constrangimentos pelos agricultores**

| Restrição | Média | Mediana |
| --- | --- | --- |
| Acessibilidade do crédito | 4.5515 | 5.0000 |
| Preço de compra do milho | 4.3522 | 4.0000 |
| Colheita e agricultura na exploração | 1.9635 | 1.0000 |
| Disponibilidade de mão de obra | 1.9037 | 1.0000 |
| Controlo de ervas daninhas | 1.8605 | 1.0000 |
| Disponibilidade de equipamento | 1.8571 | 1.0000 |
| Preparação do terreno | 1.8405 | 1.0000 |

| | | |
|---|---|---|
| Controlo de pragas e doenças | 1.4352 | 1.0000 |
| Disponibilidade de instalações de armazenamento | 1.3953 | 1.0000 |
| Plantação de sementes | 1.3389 | 1.0000 |
| Aquisição de terrenos | 1.3023 | 1.0000 |
| Pronto mercado para os grãos colhidos | 1.2990 | 1.0000 |
| Distribuição do milho | 1.1462 | 1.0000 |
| Aplicação de agroquímicos | 1.1229 | 1.0000 |

Fonte: Dados de campo, 2013

A colheita e a transformação na exploração agrícola surgiram como o fator seguinte que afecta a produção de milho na área de estudo. Registou uma média de 1,9635. A grande variação entre este constrangimento e os anteriormente discutidos é uma indicação da gravidade dos dois constrangimentos acima referidos. A colheita, que exige muita mão de obra na área de estudo, é um fator limitante porque não há mão de obra disponível. De facto, os resultados mostram que a disponibilidade de mão de obra é o constrangimento imediatamente a seguir ao constrangimento discutido neste parágrafo. Este mesmo constrangimento de mão de obra é uma componente importante da razão pela qual a transformação na exploração agrícola surgiu juntamente com a colheita como um constrangimento.

O controlo das ervas daninhas é o próximo fator de constrangimento que afecta a produção de milho na área de estudo. O controlo das ervas daninhas é um constrangimento porque os resultados mostram que quase todos os agricultores do estudo utilizaram o método convencional de corte e queima para controlar as ervas daninhas durante a preparação da terra para a plantação de milho. A mão de obra para levar a cabo este exercício extenuante é ela própria um problema, porque os resultados mostram que a sua oferta é limitada.

A disponibilidade de equipamento segue-se à falta de controlo de ervas daninhas como o próximo fator de constrangimento que afecta a produção de milho na área de estudo. Tem uma média de 1,8571. O elevado custo da maquinaria impôs constrangimentos financeiros aos agricultores. Aqueles que alugaram máquinas para a limpeza do terreno foram confrontados com o problema dos custos proibitivos e, por conseguinte, com a sua incapacidade de se expandirem. Esta observação corrobora a constatação de Obeng (2008), segundo a qual o custo elevado das máquinas impõe restrições financeiras aos agricultores. Este resultado está de acordo com os relatórios de Gunjate (1997) e Begum e Raha (2002) quando afirmaram que a indisponibilidade de equipamento e maquinaria agrícola adequados e a falta de capital eram os principais constrangimentos que afectavam a gestão da plantação de caju no Maharashtra e a comercialização da banana no Bangladesh, respetivamente.

A preparação da terra é o problema seguinte, com uma média de 1,8405. A preparação da terra, que requer predominantemente o uso de mão de obra para limpar a terra, é um constrangimento porque a disponibilidade de mão de obra é um constrangimento. Outras actividades de preparação da terra, tais como o abate de árvores, o corte de cepos, a drenagem e o nivelamento, requerem a utilização de máquinas e equipamentos, cuja disponibilidade e utilização constituem um constrangimento para o agricultor. No entanto, a preparação da terra não foi um grande problema porque, pelo menos, o cutelo que os agricultores usaram para cortar a terra estava disponível no mercado local e era facilmente acessível.

Senthilnathan e Srinivasan (1994), Govinda *et al* (1997) e Guledagudda *et al* (2002) consideraram as pragas e doenças como um problema associado à produção agrícola. O resultado do presente estudo é coerente com as suas conclusões. Os resultados mostram que os agricultores têm problemas de acesso ao crédito para financiar as actividades agrícolas. No entanto, as pragas e doenças e o controlo das ervas daninhas não constituíam grandes constrangimentos porque os produtos químicos para as controlar estavam disponíveis e eram acessíveis.

Os resultados mostram que a disponibilidade de instalações de armazenamento tem uma classificação média de 1,3953 e é um constrangimento limitante na produção de milho na área de estudo. Os agricultores afirmaram que não têm instalações de armazenamento adequadas, tais como silos, para armazenar o seu milho. Este facto está de acordo com as conclusões de Govinda *et al* (1997), que identificaram as instalações de armazenamento e as unidades de pré-arrefecimento como os principais constrangimentos enfrentados pelos produtores de manga na região de Srinivaspur, em Karnatakawhat. É igualmente coerente com as conclusões de Hiremmath (1993), Guledagudda, Visweshwar e Olekar (2002) e Bala (2006), que consideraram a falta de instalações de armazenagem como um obstáculo à produção de manga, banana e maçã.

A plantação de sementes, a aquisição de terras e a disponibilidade de mercado para os grãos colhidos são constrangimentos que se seguem à disponibilidade de instalações de armazenamento, por ordem decrescente de gravidade. A plantação de sementes não foi classificada entre os principais constrangimentos. Isto deve-se ao facto de um agregado familiar com uma dimensão média de cinco pessoas, conforme os resultados deste estudo, ajudar o agricultor a plantar sementes de milho no início da produção. Os agricultores não tiveram muitos problemas em adquirir terra para a produção de milho, porque a terra da família estava disponível para arrendamento ou para meação. Os resultados mostram que todos os agricultores entrevistados neste estudo, com exceção de sete, responderam que têm mercado para vender o seu milho, apesar de o venderem a um preço não satisfatório.

Os agricultores consideraram a distribuição de grãos de milho como um constrangimento devido à fraca rede de estradas na área de estudo. Este resultado está de acordo com as conclusões de Bala (2006), que identificou a falta de estradas como um problema enfrentado pelos produtores de maçã no distrito de Kullu, em Himachal Pradesh. No entanto, não se encontrava entre os principais constrangimentos devido à proximidade da área de estudo dos centros de comercialização do município e da metrópole. A aplicação de agroquímicos surge como o fator menos constrangedor que afecta a produção de milho na área de estudo.

**Análise dos constrangimentos na produção de milho.** O teste W de Kendall é apresentado no Quadro 18. Os resultados indicam que a estatística do teste é significativa ao nível de 1 por cento.

**Quadro 18: Estatísticas do teste W de Kendall**

| N | 301 |
|---|---|
| Kendall's W | 0.519 |
| Qui-quadrado | 2031.103 |
| df | 13 |
| Asymp. Sig. | 0.000 |

Fonte: Dados de campo, 2013

A implicação é que houve uma classificação independente dos constrangimentos pelos agricultores. O W de Kendall de 0,519 indica diferenças entre os catorze constrangimentos classificados. Mais importante ainda, o índice é superior a 0, o que implica que existe um acordo entre os agricultores sobre os constrangimentos classificados e, por conseguinte, rejeita-se a hipótese nula de que não existe acordo entre os produtores de milho relativamente aos factores de constrangimento da produção de milho. A implicação é que existe acordo entre os produtores de milho relativamente aos factores que limitam a produção de milho na área de estudo.

Um teste de Friedman realizado para avaliar as diferenças nas medianas entre as preocupações classificadas mostra que a acessibilidade ao crédito tinha uma mediana de 5.000, seguida pelo preço de compra do milho com uma mediana de 4.000. Os restantes constrangimentos avaliados têm uma mediana de 1,000.

# CAPÍTULO 5

## RESUMO, CONCLUSÕES E RECOMENDAÇÕES

### Introdução

Este capítulo apresenta um resumo do trabalho de investigação, retira conclusões importantes dos resultados empíricos, formula recomendações para a formulação de políticas e sugere áreas para investigação futura.

### Resumo das conclusões do estudo

O principal objetivo do estudo era estimar a eficiência da utilização de recursos pelos produtores de milho na Região Central do Gana. O estudo também procurou descrever o estado da utilização dos recursos na cultura do milho na Região Central, estimar os factores determinantes da eficiência na produção de milho e identificar os constrangimentos com que se confronta a cultura do milho na Região Central do Gana.

### O estado da utilização de recursos na produção de milho

Foram utilizadas estatísticas descritivas que incluíam frequências, médias, percentagens e desvios padrão para descrever as variáveis demográficas e específicas da empresa. O cultivo de milho na área de estudo é predominantemente o trabalho de homens que têm um nível relativamente baixo de educação formal. Todos os agricultores entrevistados são adultos, ou seja, têm mais de 23 anos, e a maioria deles é casada. A maioria dos agricultores não tem acesso a crédito. O modo dominante de acesso à terra na zona é o arrendamento, seguido da propriedade familiar. O milho local é a principal variedade de milho produzida, sendo a queimada o método dominante de preparação da terra na área de estudo. Os agricultores têm um mercado regular para o milho que produzem, embora afirmem que vendem o seu produto neste mercado a um preço não satisfatório. As estatísticas resumidas das variáveis de saída e entrada no modelo de eficiência de custos mostram que o agricultor médio cultiva em 1,83ha de terra e obtém 1167kg de milho por uma época de produção. Os agricultores utilizaram, em média, cerca de 64 dias-pessoa. Os resultados também indicaram que, em média, o valor do equipamento utilizado na cultura do milho foi de G11C32,02. Além disso, os agricultores utilizaram 58 kg de fertilizantes, 4 litros de pesticidas e plantaram 21 kg de sementes de milho. Em termos de custos, os agricultores gastaram GHC170,10 para comprar terra, GHC801,56 em mão de obra, GHC44,20 para comprar fertilizante, GHC26,38 para comprar pesticida e GHC105,90 em sementes de milho como material de plantação.

### Eficiência da utilização de recursos na produção de milho

A função de produção de fronteira estocástica, ajustada ao modelo Cobb Douglas, foi utilizada para determinar a eficiência de custos da cultura do milho. A eficiência média dos custos das empresas da amostra é de 94,95 por cento, com um intervalo de 85-99. O grau de ineficiência de custos das empresas é de 5,05%, o que implica que a produção efectiva pode ser aumentada em 5,05% sem quaisquer recursos adicionais. Os agricultores apresentam um retorno crescente à escala. O retorno estimado à escala indica que existe uma margem considerável para expandir a produção e também a produtividade, aumentando a eficiência agrícola nas explorações relativamente ineficientes e mantendo a eficiência das que operam na fronteira ou mais perto dela. O valor marginal do produto dos factores de produção foi utilizado para estimar a eficiência da utilização dos recursos. Todos os factores de produção são utilizados de forma ineficiente. Enquanto o equipamento e a mão de obra são sobreutilizados, a terra, os fertilizantes e as sementes são subutilizados.

**Determinantes da eficiência**

As estimativas dos determinantes da eficiência de custos foram obtidas a partir do modelo de função de fronteira de custos estocásticos. Os efeitos combinados das variáveis exógenas: extensão, idade, género, dimensão do agregado familiar, experiência e crédito envolvidos no modelo de ineficiência de custos são responsáveis por explicar o nível e as variações na produção de milho, embora os efeitos individuais de algumas variáveis possam não ser significativos. Foram efectuados vários testes de hipóteses para avaliar a influência relativa destas variáveis e de outros efeitos aleatórios. Os resultados confirmam a presença da componente de erro unilateral no modelo.

**Constrangimentos da produção de milho**

O Coeficiente de Concordância de Kendall foi usado para determinar o grau de concordância entre os produtores de milho sobre os constrangimentos que limitam a sua produção de milho. Os agricultores classificaram os factores que limitam a produção de milho do mais importante para o menos importante. A estatística do teste W de Kendall indica uma classificação independente e um forte acordo entre os agricultores sobre os constrangimentos classificados. Por conseguinte, a hipótese nula de que não existe acordo entre os produtores de milho relativamente aos factores que limitam a produção de milho foi fortemente rejeitada ao nível de 1%.

**Conclusões do estudo**

Com base nos resultados deste estudo, foram tiradas as seguintes conclusões sobre o estado, a eficiência e os factores determinantes da eficiência, bem como sobre os constrangimentos à produção de milho na Região Central do Gana:

**O estado da utilização dos recursos**

A cultura do milho na Região Centro é predominantemente efectuada por adultos homens casados, com um nível de educação formal relativamente baixo e que, na sua maioria, não têm acesso ao crédito.

Do custo total da produção de milho na região, a terra representa 14,38%, a mão de obra 68,19%, o equipamento 2,62%, os fertilizantes 3,66%, os pesticidas 2,14% e o custo dos materiais de plantação 9,01%.

**Eficiência da utilização dos recursos**

■ Os produtores de milho da Região Centro não são totalmente eficientes em termos de custos e podem aumentar o rendimento sem recursos adicionais.

■ Os recursos utilizados na cultura do milho não são afectados de forma eficiente, enquanto o equipamento e a mão de obra são sobreutilizados, a terra, os fertilizantes e as sementes são subutilizados.

**Determinantes da eficiência na produção de milho**

■ Os efeitos da extensão, da experiência e do crédito estão negativamente relacionados com o nível dos efeitos da ineficiência dos custos, enquanto a idade, o género e a dimensão do agregado familiar estão positivamente relacionados com a ineficiência dos custos.

■ Os resultados indicam uma componente aleatória significativa nos efeitos da ineficiência dos custos e que todas as variáveis têm uma influência significativa na magnitude das ineficiências dos custos dos agricultores na zona de estudo.

**Constrangimentos da produção de milho**

■ O constrangimento mais importante no cultivo do milho é o acesso ao crédito, seguido do preço de compra do milho, colheita e processamento na exploração, disponibilidade de mão de obra, controlo de ervas daninhas, disponibilidade de equipamento, preparação da terra, controlo de pragas e doenças, disponibilidade de instalações de armazenamento, plantação de sementes, aquisição de terras, mercado pronto para os grãos colhidos, distribuição do milho e aplicação de agroquímicos.

■ Existe acordo entre os produtores de milho relativamente aos constrangimentos com que se confronta a cultura do milho na zona de estudo.

**Recomendações**

Com base nos resultados, são feitas as seguintes recomendações políticas:

1. As associações de produtores de milho devem reunir-se regularmente para promover interacções entre os agricultores com e sem formação, a fim de aumentar o conhecimento entre eles.

2.  O governo local deve organizar sessões de educação não formal para os agricultores, a fim de melhorar as suas competências na aquisição de informações sobre o mercado.

3.  O governo local e outros grupos de interesse devem tomar medidas para diversificar a base de recursos humanos para satisfazer as actuais exigências da produção de milho.

4.  O governo local e as organizações não governamentais (ONGs) interessadas devem organizar seminários de formação sobre a melhor utilização dos factores de produção e as capacidades de negociação dos agricultores. Isto permitirá aos agricultores melhorar as suas eficiências alocativas, resultando num aumento da produção de milho e dos rendimentos e, consequentemente, na redução da pobreza.

**Sugestões para investigação futura**

1.  Recomenda-se também que a função de lucro seja utilizada para estimar o nível real de rentabilidade da cultura do milho na região central do Gana.

2.  Deveria ser considerado um estudo mais abrangente utilizando dados de painel para analisar a ineficiência variável no tempo na produção de milho.

3.  Deveria ser efectuado um estudo empírico sobre a relação custo-eficácia da produção de milho no Gana.

# REFERÊNCIAS

Abdulai, A., & Eberlin, R. (2001). Technical efficiency during economic reform in Nicaragua: Evidence from farm household survey data. *Economic Systems*, 25, 113-125.

Abdulai, A., & Huffman, W. (2000). Structural adjustment and economic efficiency of rice farmers in Northern Ghana. *Economic Development and Cultural Change*, 48(3), 503-520.

Abdulai, A., & Huffman, W. E. (1988). An examination of profit inefficiency of rice farmers in Northern Ghana. *Documento de trabalho do Departamento de Economia*. Ames, E.U.A.: Iowa State University.

Adams, R., Berger, A., & Sickles, R. (1999). Semiparametric approaches to stochastic panel frontiers with applications in the banking industry. *Journal of Business and Statistics, 17*, 349-358.

Addai, K. N. (2011). *Eficiência técnica dos produtores de milho em três zonas agro-ecológicas do Gana.* Tese de mestrado não publicada, Universidade de Ciência e Tecnologia Kwame Nkrumah, Kumasi.

Adeyemo, R., Oke, J. T. & Akinola, A. A. (2010). Eficiência económica dos pequenos agricultores no Estado de Ogun, Nigéria. *Tropicultura*, 28(2), 84-88.

Afriat, S. (1972). Estimativas de eficiência das funções de produção. *International Economics Review*, 13, 568-598.

Aigner, D. J., & Chu, S. F. (1968). On estimating the industry production function. *American Economic Review*, 58(4), 826-39.

Aigner, D., Lovell, C. A. K., & Schmidt, P. (1977). Formulation and estimation of stochastic frontier production function models. *Journal of Econometrics, 6*, 21-37.

Al-Hassan, R., & Jatoe, J. B. (2002, dezembro). *Adoção e impacto de variedades melhoradas de cereais no Gana.* Documento apresentado no workshop sobre a revolução verde na Ásia e a sua transferibilidade para África, Tóquio, Japão.

Amarantunga, D., Baldry, D., Sarshar, M., & Newton, R. (2002). Investigação quantitativa e qualitativa no ambiente construído: Aplicação de uma abordagem de investigação "mista". *Work Study, 51* (1), 17-31.

Amaza, P., & Olayemi, J. K. (2002). Análise da ineficiência técnica na produção de culturas alimentares no Estado de Gombe, Nigéria. *Applied Economics Letters, 9* (1),51-54.

Aneani, F., Anchirinah, V. M., Asamoah, M., & Owusu-Ansah, F. (2011). Análise da eficiência económica na produção de cacau no Gana. *Revista Africana de Agricultura Alimentar, Nutrição e*

*Desenvolvimento, 13*, 30-37.

Badiru, I. O. (2010). Revisão do acesso dos pequenos agricultores ao crédito agrícola na Nigéria. Programa de Apoio à Estratégia da Nigéria (NSSP). *Nota de Política, No. 25*: Instituto Internacional de Investigação sobre Políticas Alimentares.

Bala, B, (2006). Marketing system for apple in hills problems and prospects: Um estudo de caso do distrito de Kullu, Himachal Pradesh. *Indian Journal of Agricultural Marketing, 8* (5), 285-293.

Banker, R. D., & Maindiratta, A. (1988). Nonparametric analysis of technical and allocative efficiencies in production. *Econometrica, 56*(6), 131532.

Banker, R. D., Charnes, A., & Cooper, W. W. (1984). Some models for estimating technical and scale inefficiencies in data envelopment analysis. *Management Science, 30*(9), 1078-1092.

Bartlett, J. E., Kotrlik, J. W., & Higgins, C. C. (2001). Pesquisa organizacional: Determining appropriate sample size in survey research. *Information Technology, Learning, and Performance Journal, 19*(1), 43-50.

Battese, G. E. (1992). Funções de produção de fronteira e eficiência técnica: A survey of empirical applications in agricultural economics. *Agricultural Economics, 7,* 3-4.

Battese, G. E., & Coelli, T. J. (1995). Um modelo para efeitos de ineficiência técnica numa função de produção de fronteira estocástica para dados de painel. *Empirical Economics, 20*, 325-332.

Battese, G. E., & Coelli, T. J. (1996). Identificação dos factores que influenciam a ineficiência técnica dos agricultores indianos. *Australian Journal of Agricultural Economics, 40*, 103-128.

Battese, G. E., & Corra, G. S. (1977). Estimation of a production frontier model: with application to the pastoral zone of Eastern Australia. *Austiralian Journal of Agricultural Economics, 21*, 169-179.

Begum, A., & Raha, S. K., (2002). Marketing of banana in selected areas of Bangladesh. *Economic Affairs Kolkata, 47* (3), 158-166.

Belbase, K., & Grabowski, R. (1985). Technical efficiency in Nepalese agriculture. *Journal of Development Areas, 19*, 515-525.

Bjurek, H., Hjalmarsson, L., & Forsund, F. R. (1990). Determinstic parametric and nonparametric estimation of efficiency in service production: A comparison. *Journal of Econometrics, 46*, 213-227.

Bravo-Ureta, B. E., & Evenson, E. R. (1994). Eficiência na produção agrícola: O caso dos camponeses no leste do Paraguai. *Economia Agrícola, 10*(1), 27-37.

Bravo-Ureta, B. E., & Rieger, L. (1991). Dairy farm efficiency measurement using stochastic frontiers and neoclassical duality. *American Journal of Agricultural Economics, 73*, 421-428.

Bravo-ureta, B. E., & Pinheiro, A. E. (1997). Eficiência técnica, económica e alocativa na agricultura camponesa: Evidence from the Dominican Republic. *The Developing Economies, XXXV* (1), 48-67.

Bravo-Ureta, B. E., & Pinhereiro, A. E. (1993). Efficiency analysis of developing country agriculture: A review of the frontier function literature. *Agricultural and Resource Economics Review, 22*, 88-101.

Bravo-Ureta, B. E., & Rieger, L. (1990). Alternative production frontier methodologies and dairy farm efficiency. *Journal of Agricultural Economics, 41*, 215-226.

Chakraborty, K., Biswas, B., & Lewis, W. C. (2001). Measurement of technical efficiency in public education: A stochastic and non stochastic production function approach. *Southern Economic Journal, 67*(4), 889-905.

Chiona, S. (2011). *Technical and allocative efficiency of smallholder maize farmers in Zambia (Eficiência técnica e alocativa dos pequenos agricultores de milho na Zâmbia)*. Tese de mestrado não publicada, Universidade da Zâmbia, Lusaka.

Chirwa, E. W. (2007). Sources of technical efficiency among smallholder maize farmers in Southern Malawi. *Documento de Investigação do Consórcio Africano de Investigação Económica 172*. Nairobi, Quénia.

Christensen, L. R., & Greene, W. H. (1976). Economies of scale in U.S. electric power generation, *Journal of Political Economy, 84*(4), 655676.

Chukwuji, C. O., Odjuvwuederhie, E., Inoni, 0., O'raye, D., Ogisi, J., & Oyaide, W. J. (2006). Uma determınação quantitativa da eficiência alocativa na produção de frangos de corte no Estado do Delta, Nigéria. *Agriculturae Conspectus Scientificus, 71* (1), 21-26.

Consórcio da Rede Costeira (2011). *A região central do Gana*. Recuperado em 30 de julho de 2012, de http://centralregion.gov.gh.

Coelli, T. J. (1995a). Recent development in frontier modelling and efficiency measurement. *Australian Journal of Agricultural Economics, 39*, 215245.

Coelli, T. J. (1996). A guide to production 4.1. a computer program for stochastic frontier production and cost function estimation. *Documento de trabalho do Centre for Efficiency and Productivity Analysis, 96/07*. Brisbane, Queensland.

Coelli, T. J., Rahman, S., & Thirtle, C. (2002). Technical, allocative, cost and scale efficiencies in Bangladesh rice cultivation: A non-parametric approach. *Journal of Agricultural Economics, 5* (3), 607-626.

Crotty, M. J. (1998). *Os fundamentos da investigação social: Significado e perspetiva no processo de investigação*. Sidney: Allen Unwin.

Cummins, J. D., & Zi, H. (1998). Comparação de métodos de eficiência de fronteira: An application to the U.S. life insurance industry. *Journal of Productivity Analysis, 10*, 131-152.

Dilon, J. L., & Hardaker, J. B. (1980). Investigação em gestão agrícola para o desenvolvimento dos pequenos agricultores. *Boletim de Serviços Agrícolas 41*. Roma, Itália.

Dolisca, F. C., & Jolly, M. (2008). Eficiência técnica da produção de culturas tradicionais e não tradicionais: Um estudo de caso do Haiti. *Revista Mundial de Ciências Agrícolas, 4*(4), 416-426.

Drysdale, P., Kalirajan, K. P., & Zhao, S. (1995). The impact of economic **reform** on technical efficiency: A suggested method of measurement. *Pacific Economic Papers No. 239*.

Dzadze, P., Osei-Mensah, J., Aidoo, R., & Nurah, G. K. (2012). Factores que determinam o acesso ao crédito formal no Gana: A case study of smallholder farmers in the Abura-Asebu Kwamankese District of Central Region of Ghana. *Jornal de Desenvolvimento e Economia Agrícola, 4*(14), 416-423.

Esmaeili, H. R., & Ebrahimi, M. (2006). Relações comprimento-peso de alguns peixes de água doce do Irão. *Journal of Applied Ichthyology, 22*, 328-329.

Essilfie, F. L., Asiamah, M. T., & Nimoh, F. (2011). Estimativa da eficiência técnica ao nível da exploração agrícola na produção de milho em pequena escala no município de Mfantseman, na região central do Gana: Uma abordagem de fronteira estocástica. *Jornal de Desenvolvimento e Economia Agrícola, 3* (14), 645-654.

Etim, A. N.-A., & Okon, S. (2013). Fontes de eficiência técnica entre os produtores de milho de subsistência em Uyo, Nigéria. *Jornal de Agricultura e Ciências Alimentares, 1*(4), 48-53.

Farrel, M. J. (1957). The measurement of production efficiency. *Journal of Royal Statistical Society, Series, A, 120*, 250-290.

Faruq, H. M. (2008). Eficiência económica e constrangimentos da produção de milho na Região Norte do Bangladesh. *Revista de Estratégia de Desenvolvimento da Inovação, 1* (1), 18-32.

Fernandez, C., Koop, G., & Steel, M. F. J. (2000a). Uma análise bayesiana de fronteiras de produção de múltiplos resultados. *Journal of Econometrics, 98*, 4779.

Ferrier, G. D., & Lovell, C. A. K. (1990). Measuring cost efficiency in banking: econometric and linear programming evidence. *Journal of Econometrics, 46*, 229-245.

Organização das Nações Unidas para a Alimentação e a Agricultura [FAO] (2002). *As políticas de ajustamento estrutural e o sector agrícola, conceitos teóricos para a análise das políticas económicas: The Salter-Swan-Model*. Roma, Itália: Autor.

Forsund, F. R. (1992). A comparison of parametric and non-parametric efficiency measures: O caso dos ferries noruegueses. *Journal of Productivity Analysis, 3*, 25-43.

Serviço de Estatística do Gana [GSS] (2008). *Ghana Living Standards Survey Report of the Fifth Round (Relatório do Inquérito sobre o Nível de Vida no Gana da Quinta Ronda)*. Accra, Gana: Autor.

Serviço de Estatística do Gana [GSS] (2012). *Relatório de síntese dos resultados finais do Censo da População e da Habitação de 2010*. Accra, Gana: Autor.

Giannakas, K., Schoney, R., & Tzouvelekas, V. (2001). Technical efficiency and technological change of wheat farms in Saskatchewan. *Canadian Journal of Agricultural Economics, 49,* 135-152.

Govinda, D. M., Gowda, M. V., Reddy, M. V., & Prasannakumar, G. T. (1997). Constrangimentos na produção e comercialização de mangas: Um estudo de caso na região de Srinivaspur. *The Bihar Journal of Agricultural Marketing, 5*(20), 234-237.

Greene, W. (1990). A gamma-distributed stochastic frontier model. *Journal of Econometrics, 46,* 141-163.

Guledagudda, S. S., Visweshwar, S., & Olekar, J. N. (2002). Economics of banana cultivation and its marketing in Haveri district of Karnataka state. *Indian Journal of Agricultural Marketing, 16*(9), 51-59.

Gunjate, R. T. (1997). Gestão da plantação de caju: Problemas, perspectivas e abordagens. *The Cashew, 11* (2), 15-19.

Hayami, Y., & Ruttan, V. (1985). *Agricultural Development: An International Perspective.* Baltimore: Johns Hopkins University Press.

Helfand, S., & Levine, E. S. (2004). Tamanho da propriedade e determinantes da eficiência produtiva no Centro-Oeste brasileiro. *Economia Agrícola, 31,* 241249.

Hiremath, (1993). *Economia da produção e comercialização de cal no distrito de Bijapur, Karnataka.* Tese de Mestrado (Agri.) não publicada, Universidade de Ciências Agrícolas, Dharwad.

Hunt-McCool, J., Koh, S. C., & Francis, B. B. (1996). Testing for deliberate under pricing in the IPO premarket: A stochastic frontier approach, *Review of Financial Studies, 9,* 1251-1269.

Inoni, O. E. (2007). Allocative efficiency in pond fish production in Delta State, Nigeria: Uma abordagem de função de produção. *Agricultura Tropica Et Subtropica, 40*(4), 127-134.

Instituto de Investigação Estatística, Social e Económica [ISSER] (2010). *The state of the Ghanaian economy in 2009 [O estado da economia ganesa em 2009].* Legon, Accra: Autor.

Instituto Internacional de Agricultura Tropical [IITA] (2008). *Anuário do IITA Relatório 2007*. Nigéria: Autor.

Issahaku, H., Al-hassan, R., & Sarpong, D. B. (2012). Uma análise da eficiência alocativa dos métodos de processamento de manteiga de karité na Região Norte do Gana. *Jornal de Desenvolvimento e Economia Agrícola, 3*(4), 165-173.

Jaforullah, M., & Dewin, N. J. (1996). Technical efficiency in the New Zealand dairy industry. A frontier production function approach. *New Zealand Economic Papers, 30*, 1-17.

Jick, T. D. (1979). Mistura de métodos qualitativos e quantitativos: Triangulation in action. *Administrative Science Quarterly, 24*, 602- 611.

Joshi, P. K., Singh, N. P., Singh, N. N., Gerpacio, R.V., & Pingali, P. L. (2005). *Maize in India: production systems, constraints, and research priorities.* México, D. F.: CIMMYT.

Kameswara, R. G. (2000). *Comparative economics of banana and sugarcane cultivation in Tungabhadra command areas of Karnataka.* Tese de Mestrado (Agri.) não publicada, Universidade de Ciências Agrícolas, Dharwad.

Kareem, R. O., Dipeolu, A. O., Aromolaran, A. B., & Williams, S. B. (2008). Eficiência económica na piscicultura: esperança para as indústrias agro-alimentares em Niagara. *Jornal Chinês de Oceanologia e Limnologia, 26*(1), 104115.

Khai, H. V., Yabe, M., Yokogawa, H., & Goshi, G. (2008). Análise da eficiência produtiva da produção de soja no delta do rio Mekong, no Vietname. *Jornal da Faculdade de Agricultura da Universidade de Kyushu, 53*(1), 271-279.

Khanna, G. (2006). Technical efficiency and resource use in sugar cane: A stochastic frontier production analysis, *IHEID Working Papers 152006*. Michigan: The Graduate Institute of International Studies.

Kibaara, B. W. (2005). *Technical efficiency in Kenya's maize production: an application of the stochastic frontier approach (Eficiência técnica na produção de milho no Quénia: uma aplicação da abordagem de fronteira estocástica).* Tese de mestrado não publicada, Universidade do Estado do Colorado, EUA.

Kibirige, D. (2008). *Análise do impacto do programa de aumento da produtividade agrícola na eficiência técnica e alocativa dos produtores de milho no distrito de Masindi.* Tese de Mestrado não publicada, Universidade de Makerere, Uganda.

Kirimi, L., & Swinton, S. M. (2004, agosto). *Estimating cost efficiency among maize producers in Kenya and Uganda.* Documento selecionado preparado para apresentação na Reunião Anual da

Associação Americana de Economia Agrícola, Denver, Colorado.

Kopp, R. J., & Smith, V. K. (1980). Frontier production function estimations for steam electric generation: A comparative analysis. *Southern Economic Journal, 46*(4), 163-173.

Kothari, C. R. (2004). *Metodologia de investigação: Methods and Techniques*. Nova Deli: New Age International (P) Limited.

Kumbhakar, S. C. (1994). Estimativa da eficiência num modelo de maximização dos lucros utilizando uma função de produção flexível. *Journal of Agricultural Economics, 10,* 143-52.

Kumbhakar, S. C., & Bhattacharyya, A. (1992). Price distortions and resource use efficiency in Indian agriculture: A restricted profit function approach. *Review of Economics and Statistics, 74*(2), 231 - 239.

Kumbhaker, S. C., & Lovell, C. A. (2000). *Stochastic Frontier Analysis.* Cambridge: Cambridge University Press.

Kariuki, D., Ritho, C., & Munei, K. (2008). *Analysis of the effect of land tenure on technical efficiency in smallholder crop production in Kenya.* Um documento apresentado na Conferência Anual Tropentag realizada na Universidade de Hoheinheim, Estugarda, Alemanha.

Kuznets, S. (1966). *Modern Economic Growth: Rate, Structure, and Spread.* New Haven, Connecticut: Yale University Press.

Lozano-Vivas, A., & Humphrey, D. V. (2002). Bias in malmquist index and cost function productivity measurement in banking. *International Journal of Production Economics, 76*(2), 177-188.

Mattson, E. T. (1986). *Estatística - Conceito Difícil de Compreender Explicações.* Bolchazy: Carducci Publishers Inc.

Max, K. (1849, abril). Trabalho assalariado e capital. *Neue Rheinische Zeitung* (n.º 264-267).

Meeusen, W., & van den Broeck, J. (1977). Estimativa da eficiência a partir de funções de produção Cobb-Douglas com erro composto. *International Economic Review, 18*, 435-444.

Mellor, J. W. (1966). *The Economics of Agricultural Development.* Cornell: Cornell University Press.

Autoridade para o Desenvolvimento do Milénio [MiDA] (2011). *Oportunidade de investimento no Gana: Produção e transformação de milho, soja e arroz.* Accra, Gana: Autor.

Mills, F. C. (1952). Productivity and economic progress. *Occasional Paper 38.* Nova Iorque: National Bureau ofEconomic Research.

Ministério da Alimentação e Agricultura [MoFA] (2011). *Agriculture in Ghana: Factos e Números*

*2010*. Accra: Autor.

Ministério da Alimentação e Agricultura [MFA] (2013). *Assin South Directorate*. Recuperado em 26 de março de 2013, de http://mofa.gov.gh/site.

Ministério da Administração Local e do Desenvolvimento Rural (2006). *Distritos do Gana*. Recuperado em 26 de julho de 2012, de http://www.ghanadistricts.com

Mochobelele, M., & Winter-Nelson, A. (2000). Migrant labour and farm technicalefficiency in Lesotho. *World Development, 28*(1), 143-153.

Monruzzaman, M. S., & Rahman, A. K. (2009). Análise agro-económica da produção de milho no Bangladesh: A farm level study. *Bangladesh Journal of Agricultural Research, 34*(1), 15-24.

More, S. S. (1999). *Economia da produção e comercialização da banana no estado de Maharashtra*. Tese de mestrado não publicada, Universidade de Ciências Agrícolas, Dharwad.

Morris, M. L., Tripp, R., & Dankyi, A. A. (1999). Adoção e impactos de tecnologias melhoradas de produção de milho: A case of Ghana Grains Development Project. *Programa de Economia, Documento 99-01*. México.

Murillo-Zamorano, L. R. (2004). Eficiência económica e técnicas de fronteira. *Journal ofEconomic Surveys, 18*(1), 33-77.

Murillo-Zamorano, L. R., & Vega-Cervera, J. A. (2001). A utilização de métodos de fronteira paramétricos e não paramétricos para medir a eficiência produtiva no sector industrial. Um estudo comparativo. *International Journal of Production Economics, 69*(3), 265-275.

Nchare, A. (2007). *Analysis of factors affecting the technical efficiency of arabica coffee producers in Cameroon (Análise dos factores que afectam a eficiência técnica dos produtores de café arábica nos Camarões)*. Nairobi, Quénia: Consórcio Africano de Investigação Económica.

Nicholson, W. (2001). *Microeconomic Theory: Basic Principles and Extensions* (8th ed.). Massachusetts: South-Western Thomson Learning.

Norton, G. W., Alwang, J., & Masters, W. A. (2010). *Economics of Agricultural Development* (2nd ed.). Nova Iorque: Routledge Taylor and Francis Group.

Obeng, P. (2008). *Produção e exportação de ananás no Gana*. Dissertação não publicada para obtenção de um diploma em administração agrícola, Instituto de Gestão e Administração Pública do Gana, Accra.

Odendo, M., De Groote, H., & Odongo, O. M. (2001, outubro). *Avaliação das preferências dos agricultores e dos constrangimentos à produção de milho na zona húmida de altitude média do*

*Quénia Ocidental*. Trabalho apresentado na 5th Conferência Internacional da Sociedade Africana de Ciência das Culturas, Lagos, Nigéria.

Odoemenem, I. U., Alimba, J. O., & Ezike, K. (2008). Assessing capital resource mobilization and allocation efficiency of small scale cereal crop farmers in Benue State, Nigeria. *Indian Journal of Science and Technology, 1* (5), 1-8.

Ogundari, K. (2008). Produtividade dos recursos, eficiência alocativa e determinantes da eficiência técnica dos produtores de arroz de sequeiro: Um guia para a política de segurança alimentar na Nigéria. *Jornal de Desenvolvimento Sustentável em Agricultura e Ambiente, 3*(2), 20-33.

Ogundari, K. & Ojo, S. O. (2007). Eficiência económica da produção de culturas alimentares em pequena escala na Nigéria: Uma abordagem de fronteira estocástica. *Jornal de Ciências Sociais, 14*(2), 123-130.

Ogundele, O. O., & Okoruwa, V. (2006). Technical efficiency differential in rice production technologies in Nigeria (Diferencial de eficiência técnica nas tecnologias de produção de arroz na Nigéria). *Documento de investigação 154 do Consórcio de Investigação Económica Africana.* Nairobi, Quénia.

Ogunniyi, L. T. (2011). Eficiência de lucro entre os produtores de milho no estado de Oyo, Nigéria. *ARPN Journal of Agricultural and Biological Science, 6* (11), 11-17.

Olayide, S. O., & Heady, E. O. (1982). *Introduction to Agricultural Production Economics*. Ibadan: University of Ibadan Press.

Onumah, E. E., Brummer , B., & Horstgen-Schwark, G. (2010). Elementos que delimitam a eficiência técnica das explorações piscícolas no Gana. *Jornal da Sociedade Mundial de Aquacultura, 41* (4),

Owens, T., Hoddinott, J., & Kinsey, B. (2001). *The impact of agricultural extension on farm production in resettlement areas of Zimbabwe.* Oxford: Centro para o Estudo das Economias Africanas, Universidade de Oxford.

Owuor, G., & Shem, O. A. (2009, junho). *What are the key constraints in technical efficiency of smallholder farmers in Africa? Empirical evidence from Kenya.* Um documento apresentado no Seminário 111 EAAE-IAAE "Pequenas explorações agrícolas: declínio ou persistência". Universidade de Kent, Kent.

Paudel, P.,& Matsuoka, A. (2009). Estimativas da eficiência de custos da produção de milho no Nepal: A case study of the Chitwan District. *Agric. Econ.-CzEch, 55,* 139-148.

Perelman, S., & Pestieau, P. (1994). A comparative performance study of postal services: A productive efficiency approach. *Annals d'Economie et de Statisque, 33,*187-202.

Pitt, M. M., & Lee, L. F. (1981). The measurement and sources of technical inefficiency in the Indonesian weaving industry. *Journal of Development Economics, 9*, 43-64.

Rahman, S. (2003). Profit efficiency among Bangladesh rice farmers. *Food Policy, 28*, 487-503.

Rarelibra (n.d.). *Distritos do Gana Central*. Obtido em 26 de julho de 2012, de

W ikipedia:http://en.wikipedia.org/wiki/F ile:Central_Ghana_districts

Ray, S.C.,& Mukherjee, K. (1995). Comparing parametric and nonparametric measures of efficiency: A re-examination of the Christensen-Greene data. *Journal of Quantitative Economics, 11*(1), 155-168.

Reddy, M. (2002). Implications of tenancy status on productivity and efficiency: Evidence from Fiji. *Sri Lankan Journal of Agricultural Economics*, 4, 19-37.

Reinhard, S., Lovell, C. A. K., & Thijssen, G. (1999). Econometric application of technical and environmental efficiency: An application to Dutch dairy farms. *American Journal of Agricultural Economics, 81,* 44-60.

Richmond, J. (1994). Estimating the efficiency of production. *International Economic Review, 15*, 515-521.

Rios, A. R., & Shively, G. E. (2005, julho), Farm *size and nonparametric efficiency measurements for coffee farms in Vietnam*, Documento selecionado preparado para apresentação na Reunião Anual da Associação Americana de Economia Agrícola, Providence, Rhode Island.

Russel, D. G. (1983). Atribuição de recursos na investigação agrícola utilizando a avaliação socioeconómica e modelos matemáticos. *Canadian Journal of Agricultural Economics, 23*, 29-52.

Samuelson, P. A., & Nordhaus, W. D. (1998). *Economics* (16th ed.). New York: McGraw-Hill.

Saunders, M., Lewis, P., & Thornhill, A. (2007). *Research Methods For Business Students* (4th ed.). London: Prentice Hall

Schultz, T. W. (1964). *Transforming Traditional Agriculture*. Yale: Yale University Press.

Senthilnathan, S., & Srinivasan, R. (1994). Production and marketing of poovan banana in Trichirapalli district of Tamil Nadu. *Indian Journal of Agricultural Marketing, 8*(1), 46-53.

Sentumbwe, S. (2007). *Intra-House labour allocation and technical efficiency among groundnuts producers in Eastern Uganda*. Kampala: Universidade de Makarere.

Shapiro K. H., & Muller J. (1977). Sources of technical efficiency: The role of modernization and information. *Economic Development & Cultural Change, 25*(2), 293-310.

Sherlund, S. M., Barrett, C. B., & Adesina, A. A. (2002). Eficiência técnica dos pequenos agricultores controlando as condições ambientais de produção. *Journal of Development Economics, 69*(1), 85-101.

Simonyan, B. J., Umoren, B. D., & Okoye, B. C. (2011). Diferenças de género na eficiência técnica entre os produtores de milho na área do governo local de Essien Udim, Nigéria. *Revista Internacional de Ciências Económicas e de Gestão, 1* (2), 17-23.

Squires, D., & Tabor, S. (1991). Technical efficiency and future production gains in indonesian agriculture. *Development Economics, 24*, 258-270.

Stanton, K. R. (2002). Trends in relationship lending and factors affecting relationship lending efficiency. *Journal of Banking and Finance, 26*(1), 127-152.

Stevenson, R. F. (1980). Likelihood functions for generalized stochastic frontier estimation. *Journal of Econometrics, 13*, 57-66.

Tchale, H., & Suaer, J. (2007). The Efficiency of maize farming in Malawi: A bootsrapped translog frontier. *Cahiers d'economie et sociologie rurales* , no. 82-83.

Tesfay, G., Ruben, R., Pender, J., & Kuyvenhoven, A. (2007). Resource use efficiency on own and sharecropped plots in Northern Ethiopia: Determinantes e implicações para a sustentabilidade. In. R. Ruben, J. Pender & A. Kuyvenhoven (Eds.), *Sustainable poverty reduction in less favoured areas* (pp. 181-201), Wallingford: CAB International.

Thirtle, C., Bhavani, S., Chitkara, P., Chatterjee, S., & Mohanty, M. (2000). Size does matter: Technical and scale efficiency in Indian State tax jurisdictions. *Review of Development Economics, 4*(3), 340-352.

Udry, C., & Anagol, S. (2006). *The Return to Capital in Ghana [O retorno do capital no Gana]*. New Havens: Universidade de Yale.

Varian, H. (1984). The non-parametric approach to production analysis. *Econometrica, 54*, 579-597.

Varian, H. R. (1992). *Microeconomic Analysis.* New York: W. W. Norton and Company Inc.

Weir S. (1999). The Effects of Education on Farmer Productivity in Rural Ethiopia (Os Efeitos da Educação na Produtividade dos Agricultores na Etiópia Rural). *Documento de trabalho CSAE WPS99-7*. Centro para o Estudo das Economias Africanas, Universidade de Oxford.

Weir S., & Knight, J. (2000). Education externalities in rural Ethiopia. Evidence from average and stochastic frontier production functions. *Documento de trabalho CSAE WPS/2000-4*. Centro para o Estudo das Economias Africanas, Universidade de Oxford.

Programa Alimentar Mundial [PAM] (2010). *Relatório Anual do Programa Alimentar Mundial 2010.* Roma, Itália: Autor.

Worthington, A. C., & Dollery, B. E. (2002). Incorporating contextual information in public sector efficiency analyses: A comparative study ofNSW Local government. *Applied Economics, 34*(4), 453-464.

Yamane, T. (1973). *Estatística - Uma Análise Introdutória.* Universidade Asyana Gakuin, Tóquio: Harper International Edition.

Yates, S. J. (2004). *Doing Social Science Research.* Londres: Sage Publications.

Yotopoulos, P. A. (1976). Allocative efficiency in economic development. (C. Mihalas, Ed.). *Série Monografias de Investigação, 18,* 191-192.

Zalkuwi, J. W., Dia, Y. Z., & Dia, R. Z. (2010). Análise da eficiência económica da produção de milho na Área de Governo Local de Ganye, Estado de Adamawa, Nigéria. *Relatório e Opinião.* 2(7), 1-9.

Zhang, Y. (2002). The impacts of economic reform on the efficiency of silviculture: A non-parametric approach. *Environmental and Development Economics, 7*(1), 107-122.

# APÊNDICES

**Apêndice A: Um Guia de Entrevista Estruturado para Produtores de Milho**

| CÓDIGO | |
|---|---|

# Departamento de Economia Agrícola e Extensão

Escola Superior de Agricultura, Universidade de Cape Coast

Utilização de recursos na produção de milho na região central do Gana

**Um programa de entrevista estruturado para produtores de milho**

**Introdução**

Este programa de entrevistas foi concebido para solicitar informações sobre a utilização de recursos pelos produtores de milho da Região Central do Gana. As informações obtidas de cada inquirido serão tratadas com confidencialidade e serão agrupadas e analisadas em conjunto. Por conseguinte, ficarei muito grato se responder aos seguintes itens do questionário com a maior exatidão possível.

Obrigado.

**Informações básicas**

Nome do agricultor: ...................................................................................

Comunidade/Localização: ...........................................................................

Número de telefone de contacto do agricultor:............................................

CO-OP/FBO do agricultor (se for caso disso): ...........................................

Nome do entrevistador:................................................................................

Número de telefone de contacto do entrevistador:.......................................

Data da entrevista:.......................................................................................

**Parte I: Características do agricultor e da exploração agrícola**

1.  Idade no último aniversário (em anos):

2.  Género:          1.Masculino 2    .Feminino

3.  Estado civil 1. Casado 2 .Solteiro

3.     Divorciado 4. Viúvo

4.  Dimensão do agregado familiar:

5.  Nível mais elevado de educação formal:

| Nível | Número de anos de escolaridade<br><br>(0 para básico se não tiver educação formal) |
|---|---|
| Básico | |
| Secundário/técnico | |
| Pós-secundário/terciário | |
| Número total de anos de escolaridade | |

6.  Rendimento por ano: GHS

7.  Modo de acesso à terra:

Propriedade (adquirida/doação)

Arrendamento Terreno familiar Partilha ....................................................(especificar o tipo):

8.  Número de anos como agricultor de milho

9.  Distância (em km) da residência à exploração de milho

10.  Outras ocupações para além da cultura do milho:

Nenhum I

Outros (especificar) _______________________________

11.  Número de visitas de extensão durante a época de cultivo:

12.  Principal variedade de milho produzida:

variedade local⎵⎵Obaatanpa £

Dowbidi I I Abeleehi Q

Safita 2 I⎵Okomasa

13.  Justifique a sua escolha da variedade de milho:

14.  Principal método de preparação do terreno:

Preparação mecanizada

Queima de mato

Cortar e queimar

Pulverização com herbicida

Outros (especificar)

15.  Justifique a sua escolha do método de preparação das terras:

16.  Gostaria de utilizar crédito na sua produção de milho?

Sim Não

17.  Justifique a sua resposta ao ponto (16) acima:

18.  O crédito está facilmente disponível para mim:     SimNão

19.  Distância (em km) da sua residência à instituição financeira mais próxima

1.1   1 recebeu ajuda de crédito em dinheiro para a minha produção de milho:

Sim Não

1.2   1 obteve factores de produção, para além da terra e da mão de obra, a crédito para a minha produção de milho:

Sim|Não

1.3   1 recebeu assistência de crédito para outros empreendimentos.

Sim|Não                        I

Em caso afirmativo, especificar o empreendimento: ...............

23.  Os factores de produção para a produção de milho estão facilmente disponíveis na minha comunidade.

Sim Não

Em caso afirmativo, indicar o tipo de contributos obtidos: ......

24.  Há um mercado pronto para o milho que produzo.

Sim Não

25.  Estou satisfeito com o preço que recebo pelo meu milho.

Sim I Não

**Part II:        Informações de entrada e saída**

26. Terrenos

| Item | Tamanho (ha) | Preço unitário (GHS) | Custo total (GHS) |
|---|---|---|---|
|  |  |  |  |

27. Trabalho

| ttipo | | Não. ofprs | Hrs/ prs/ dia | Dias trabalhados/ pdn.época | Salário/ prs/dia (GHS) |
|---|---|---|---|---|---|
| Família | Homem | | | | |
| | Mulher | | | | |
| | Criança | | | | |
| Contratado | | | | | |
| Custo total da mão de obra | | | | | |

28. Equipamentos/materiais

| Tipo | Quantidade | Unidade custo (GHS) | Custos de contratação/manutenção (GHS) | Data de aquisição | Vida exp. | Quota de milho (%) |
|---|---|---|---|---|---|---|
| Pulverizador | | | | | | |
| cutelo | | | | | | |
| enxada | | | | | | |
| saco | | | | | | |
| Trator | | | | | | |
| Outros | | | | | | |

29. Fertilizantes

| Fertilizante | Fonte | Quantidade (kg) | Custo unitário (GHS) | Custo total (GHS) |
|---|---|---|---|---|
| Amoníaco | | | | |
| Potássio | | | | |
| fosfato | | | | |
| NPK | | | | |
| Ureia | | | | |
| Adubo orgânico | | | | |

| Outros (especificar) | | | | |
|---|---|---|---|---|

## 30. Pesticida

| Pesticida | Nome comercial | Fonte | Quantidade (kg) | Custo unitário (GHS) | Custo total (GHS) |
|---|---|---|---|---|---|
| Fungicida | | | | | |
| Herbicida | | | | | |
| Inseticida | | | | | |
| Neem extrato | | | | | |
| Outros ( especificar) | | | | | |

## 31. Material de plantação (sementes de milho)

| Variedades | Fonte | Quantidade (kg) | Custo unitário (GHS) | Custo total (GHS) |
|---|---|---|---|---|
| Local | | | | |
| Obatanpa | | | | |
| Okomasa | | | | |
| Dowbidi | | | | |
| Abeleehi | | | | |
| Safita 2 | | | | |

## 32. Produção da época de produção

| Item | Quantidade (kg) | Preço unitário (GHS) | Receitas totais (GHS) |
|---|---|---|---|
| Grãos de milho | | | |
| Outros (especificar) | | | |

**Part III: Constrangimentos à produção de milho** 32. Constrangimentos dos factores de produção, da produção e da comercialização

Numa escala de 0 a 5, sendo 0 sem efeito, 1 o menor e 5 o maior, indique como cada um dos factores abaixo condiciona a sua produção de milho

| Restrições de entrada | Resposta |
|---|---|
| Aquisição de terrenos | |
| Disponibilidade de mão de obra | |
| Acesso ao crédito | |
| Disponibilidade de materiais/equipamentos | |
| Outros (especificar) | |

| Restrições à produção | Resposta |
|---|---|
| Preparação do terreno | |
| Plantação de sementes de milho | |
| Aplicação de agroquímicos | |
| Controlo de pragas e doenças | |
| Cultivo e controlo de ervas daninhas | |
| Colheita e transformação na exploração | |
| Outros especificar | |

| Restrições de marketing | Resposta |
|---|---|
| Disponibilidade de instalações de armazenamento | |
| Distribuição dos grãos produzidos | |
| Mercado pronto para os cereais colhidos | |
| Preço de compra do milho em grão | |
| Outros especificar | |

**Apêndice B: Estimativas de máxima verosimilhança da função de produção de fronteira estocástica**

| Variável | parâmetros | coeficientes | erro padrão | rácio t |
|---|---|---|---|---|
| Variáveis regressoras | | | | |
| Constante | $\beta_0$ | 0.7112*** | 0.0992 | 7.1727 |
| Terreno | $\beta_t$ | 0.1984** | 0.0777 | 2.5532 |
| Trabalho | $\beta_2$ | -0.1360 | 0.0937 | -1.4512 |
| Equipamento | $\beta_3$ | -0.0020 | 0.0524 | -0.0387 |
| Fertilizante | $\beta_4$ | 0.0524 | 0.0831 | 0.6310 |
| Semente | $\beta_5$ | 0.9898*** | 0.1023 | 9.6749 |
| Variáveis exógenas | | | | |
| Constante | $\gamma_0$ | 1.5048*** | 0.4911 | 3.0644 |
| Extensão | $\delta_i$ | -0.2527*** | 0.0283 | -8.9172 |
| Idade | $S_2$ | -0.0060 | 0.0137 | -0.4401 |
| Género | $s_3$ | 0.1319 | 0.2423 | 0.5445 |
| Tamanho HHS | $S_4$ | 0.0336* | 0.0527 | 0.6377 |
| Experiência | $S_5$ | -0.0135 | 0.0217 | -0.6235 |
| Crédito | $S_6$ | -0.8781** | 0.3911 | -2.2450 |
| Parâmetros de variância | | | | |
| Sigma ao quadrado | $\sigma^2$ | 0.6920*** | 0.1305 | 5.3032 |
| Gama | $Y$ | 0.8191*** | 0.0433 | 18.9370 |
| Llf | | -241.7950 | | |

*,**, ***Significativo estatisticamente aos níveis de 10%, 5% e 1%, respetivamente.

Fonte: Dados de campo, 2013

**Apêndice C: Elasticidades da produção média**

| Variável | Elasticidades |
|---|---|
| Terreno | 0.1984** |

| Trabalho | -0.1360 |
| Equipamento | -0.0020 |
| Fertilizante | 0.0524 |
| Semente | 0.9898*** |
| **RTS** | **1.3786** |

**, ***Significativo estatisticamente aos níveis de 5% e 1%, respetivamente.

Fonte: Dados de campo, 2013

**Apêndice D: Tabela para determinar a dimensão mínima da amostra devolvida para uma determinada dimensão da população para dados contínuos e categóricos**

| Dimensão da população | Tamanho da amostra | | | | | |
| --- | --- | --- | --- | --- | --- | --- |
| | | Dados contínuos | | Dados categóricos | | |
| | | (margem de erro=.03) | | (margem de erro=.05) | | |
| | alfa= | .10 alfa=.05 alfa=.01 p=.50p= | | .50p= . 50 | | |
| | t=1.65 | t=1.96t=2 | .58t=1 | .65 t=1.96 t=2.58 | | |
| 100 | 46 | 55 | 68 | 74 | 80 | 87 |
| 200 | 59 | 75 | 102 | 116 | 132 | 154 |
| 300 | 65 | 85 | 123 | 143 | 169 | 207 |
| 400 | 69 | 92 | 137 | 162 | 196 | 250 |
| 500 | 72 | 96 | 147 | 176 | 218 | 286 |
| 600 | 73 | 100 | 155 | 187 | 235 | 316 |
| 700 | 75 | 102 | 161 | 196 | 249 | 341 |
| 800 | 76 | 104 | 166 | 203 | 260 | 363 |
| 900 | 76 | 105 | 170 | 209 | 270 | 382 |
| 1000 | 77 | 106 | 173 | 213 | 278 | 399 |
| 1500 | 79 | 110 | 183 | 230 | 306 | 461 |
| 2000 | 83 | 112 | 189 | 239 | 323 | 499 |
| 4000 | 83 | 119 | 198 | 254 | 351 | 570 |

| 6000 | 83 | 119 | 209 | 259 | 362 | 598 |
| 8000 | 83 | 119 | 209 | 262 | 367 | 613 |
| 10000 | 83 | 119 | 209 | 264 | 370 | 623 |

Fonte: Bartlett, Kotrlik e Higgins (2001)